现代新农村建设规划及景观实践研究

樊丽 著

中国水利水电出版社
·北京·

内 容 提 要

《现代新农村建设规划及景观实践研究》是一本关于新农村景观规划设计的著作。本书系统阐述了农村村落规划的基本原理，农村规划设计的原则和方法，以及乡村景观的现状和体系。

总体来看，本书思路清晰、内容详细，理论阐述深入浅出，而且有大量的实例解析，使读者易读易懂且不失趣味。

通过阅读本书，读者能对新农村景观规划设计的相关理论有个全面的了解，并能将相关理论知识有效地运用于现代新农村规划建设以及景观设计实践之中。

图书在版编目（CIP）数据

现代新农村建设规划及景观实践研究 / 樊丽著 . — 北京：中国水利水电出版社，2019.1
ISBN 978-7-5170-7333-8

Ⅰ.①现… Ⅱ.①樊… Ⅲ.①乡村规划 – 研究 – 中国 ②乡村 – 景观设计 – 研究 – 中国 Ⅳ.① TU982.29 ② TU986.2

中国版本图书馆 CIP 数据核字（2019）第 009753 号

书　　名	现代新农村建设规划及景观实践研究 XIANDAI XINNONGCUN JIANSHE GUIHUA JI JINGGUAN SHIJIAN YANJIU
作　　者	樊　丽　著
出版发行	中国水利水电出版社 （北京市海淀区玉渊潭南路 1 号 D 座　100038） 网址：www.waterpub.com.cn E-mail：sales@waterpub.com.cn 电话：（010）68367658（营销中心）
经　　售	北京科水图书销售中心（零售） 电话：（010）88383994、63202643、68545874 全国各地新华书店和相关出版物销售网点
排　　版	北京亚吉飞数码科技有限公司
印　　刷	三河市华晨印务有限公司
规　　格	170mm×240mm　16 开本　15.5 印张　201 千字
版　　次	2019 年 5 月第 1 版　2019 年 5 月第 1 次印刷
印　　数	0001—2000 册
定　　价	76.00 元

凡购买我社图书，如有缺页、倒页、脱页的，本社营销中心负责调换

版权所有・侵权必究

前　言

　　中国是一个有着悠长历史的农业大国,在全国范围内乡村面积广阔。随着城市化进程的加快,大量农村和乡镇人口进城务工,造成农村人口流失,居住环境变差,渐渐被新兴城市吞噬,乡村景观受到巨大威胁,对整个乡村的自然环境和人文资源造成了严重的影响。随着国家新农村建设战略决策的提出,保护历史乡村景观合理规划利用土地资源、合理开发自然资源、实现可持续发展具有重要意义。

　　另一方面,随着城市化和村镇"空心化"的发展,乡村景观规划中存在许多问题,加上农村景观常常是城乡规划的盲区;整体上看各种人工景观散乱无序的镶嵌在自然环境中;破坏了自然景观的整体性和生态系统的稳定。另外很多乡村景观规划设计缺乏特色,盲目照搬问题严重,很少有回味意境高远,意味深长的作品。不少设计仍然照搬西方传统园林的模式。对于乡村景观的规划盲区就更谈不上地域特征和较好的景观形象,因此迫切需要解决新农村景观规划的问题。

　　党的十七大报告明确指出,"统筹城乡发展,推进社会主义新农村建设。解决好农业、农村、农民问题,事关全面建设小康社会大局,必须始终作为全党工作的重中之重。"社会主义新农村建设是一个长期的历史过程。建设好农村村落,规划是龙头。"生产发展、生活宽裕、乡风文明、村容整洁、管理民主"是党和政府解决"三农"问题政策方针的升华,是在新时期建设和谐社会与全面发展农村事业的重大举措。同时,打造精品乡村景观,通过优美舒适的景观环境吸引城市人口旅游,从而带动乡村经济,改善乡村环境,提高就业机会,将城市人口引流到乡村,平衡乡村与城市的发展改善农村人居环境,以科学的发展观统领农村建设事业的发展，促进农村经济结构调整和经济增长方式转变，将是下一步农村工作的重中之重。基于此笔者撰写了《现代新农村建设规划及景观实践研究》一书，为关注新农村景观规划设计的相关人士提供一些参考。

本书系统地阐述了农村村落规划的基本原理，规划设计的原则和方法以及乡村景观的现状和体系，共分为五章。第一章为初识村落，讲述了村落的一些基础知识。第二章为村镇总体规划，讲述了村镇总体规划的基本任务、内容、编制原则和依据和村镇体系布局规划相关知识。第三章讲述了集镇镇区建设规划的内容、任务与目标、集镇镇区现状及用地分类及镇区总体布局相关知识。第四章新农村景观综述与现状，通过对国外、国内新农村景观的研究状况，深入分析国内新农村建设的现状、不足及提出解决办法，阐明新农村景观与农村景观规划设计的内涵与意义。第五章新农村景观体系及案例分析主要讲述了新农村景观体系，并结合案例分析说明，针对案例中的不足和建议，引导和启发读者对现代新农村建设规划及景观实践设计方法的掌握和运用。

在撰写过程中，笔者研究了大量的国内外优秀案例，从中筛选最具代表性的经典案例进行探讨。同时也参阅了一些国内外学者的有关理论、材料、及同行、专家的论著成果，在此一并感谢。为使书的内容更加详实，笔者还实地考察了很多优秀设计案例，并拍摄了大量照片，结合实际设计案例探求自己对现代新农村建设规划及景观设计的理解，总结设计方法在实践中的运用规律，希望对于从事现代新农村建设规划与景观设计的读者有一点的帮助，以尽绵薄之力。由于本人水平所限，书中难免有不足之处，请批评指正。

作 者

2018年6月

目 录

前言
第一章 初识村落 …………………………………… 1
　第一节 村落的发展概述 ………………………… 1
　第二节 新农村建设与村落社区 ………………… 10
　第三节 村落规划的时代任务 …………………… 24
第二章 村镇总体规划 ……………………………… 27
　第一节 村镇总体规划的基本任务、编制原则及内容 … 27
　第二节 村镇体系规划 …………………………… 31
　第三节 村镇性质、规划范围及规划规模 ……… 49
　第四节 村镇用地布局规划 ……………………… 58
　第五节 村镇总体规划的编制步骤和成果要求 … 98
第三章 集镇镇区建设规划 ………………………… 100
　第一节 集镇镇区建设规划的内容、任务与目标 … 100
　第二节 集镇镇区现状及用地分类 ……………… 102
　第三节 镇区总体布局 …………………………… 112
　第四节 不同功能的镇区用地规划 ……………… 118
第四章 新农村景观综述与现状 …………………… 166
　第一节 新农村景观综述 ………………………… 166
　第二节 新农村景观的研究背景和现状 ………… 170
第五章 新农村景观体系与案例分析 ……………… 190
　第一节 新农村景观体系 ………………………… 190
　第二节 新农村景观规划的原则与实例 ………… 203
结　语 ……………………………………………… 239
参考文献 …………………………………………… 240

第一章 初识村落

第一节 村落的发展概述

一、村落的形成、概念及范畴

居民点是人类的各种聚居地,又称聚落。各种职能不同,规模不等的城市、集镇、和村落均称为居民点,农村村落即农村居民点。

(一)村落的形成

聚族而居是人类的天性,从本质上说,各种居民点都是社会发展到一定阶段的产物,它是人们由于生活与生产的需要而形成的聚居地。

人类社会第一次劳动大分工,即农业从牧业、狩猎业中分化出来,从而出现了以农业为主的固定的居民点——原始村落。随着生产的不断发展,逐渐出现了劳动剩余产品,人们将剩余产品用来交换,进而就有了货币与商品贸易。商业、手工业逐渐从农业、牧业中分离,即为人类社会第二次劳动大分工,这使原始居民点开始分化,逐渐形成了以农业为主的村庄和以商业及手工业为主的城镇。

随着社会经济的发展,逐渐形成城市、集镇、乡村等各类居民点,构成居民点体系。现代的居民点,由于工业、交通、科技、信息、文化、商业等的高度发展,形成了现代社会的各种城市、集镇和村落,构成了比历史上远为复杂的居民点体系。当前我国根据居民点所担负职能的不同和规模的大小,把以农业人口为主、主要从事农业生产的居民点称之为乡村;把具有一定规模的、以非农业人口为主,从事非农产业的居民点称之为城镇。

(二) 村落的概念及范畴

在我国,由于建制镇属于小城镇之列并已具有城市的一些特征,故本书所阐述的村落仅指村庄(中心村、基层村)和集镇(中心集镇、一般集镇),它们是我国农村居民点的主体,代表了农民主要的聚居形式。

村落可称为聚落,意指众多居住房屋构成的集合或人口集中分布的区域,包括自然村落(自然村)、村庄区域。而规模较大的村落,因其居住密度高、人口众多则形成"村镇"或"集镇"。

1. 集镇

集镇是在集市的基础上发展而来的,集市的发展带动了镇的发展。在具有区位优势、交通便利、规模较大的集市上,聚集了市场、餐馆、商店、旅店等服务业。随后又有了手工业、工业等,集市逐渐成为具有一定人口规模和多种经济活动内容的聚落居民点——集镇。它是商品经济发展到一定程度的产物,是指乡人民政府所在地,或经县人民政府确认由集市发展成为农村一定地域经济、文化和生活服务中心的非建制镇。因此,集镇多数是乡人民政府所在地,或居于若干中心村的中心,是工农结合、有利生产、方便生活的社会和生产活动中心。

2. 中心村

中心村一般是村委会所在地,是农村中从事农业和家庭副业生产活动的较大居民点,其中有为本村和附近基层村服务的基本生活服务设施和文化体育设施,如商店、医疗站、文化站、小学等。人口规模一般在 1000～2000 人。

3. 基层村

基层村又称一般村,即自然村,是农村中从事农业和家庭副业生产活动的最基本的居民点,一般只设有简单的生活服务设施。

二、村落的特点

居民点是社会生产力发展到一定历史阶段的产物,作为乡村居民点的集镇和村落也不例外,但它们与城市相比,有以下基本特点。

(一) 区域特点

在我国辽阔的土地上,村镇星罗棋布地分布在所有的地区,但由于各地区社会生产力的发展水平不同,即区域经济的发展水平不同,村镇分布呈明显的区域差异,经济相对发达地区的村镇的平均规模与分布密度一般要高于经济欠发达地区。

另外,由于地理的差异,如土地(包括土壤、地形等)、气候等自然因素存在明显的地区差异,决定了村镇在规模分布,平面布局以及建筑的形式、构造等方面有各自的特点。比如在平原与山区、在南方与北方,村镇表现出风格迥异的区域特点。

1. 村庄的特点

村庄是农村人口从事生产和生活居住的场所,它是在血缘关系和地缘关系相结合的基础上形成的,以农业经济为基础的相对稳定的一种居民点形式。它的形成与发展同农业生产紧密联系在一起。因此,它具有以下特点:

(1) 点多面广,结构比较松散。居民点受地域条件的各种影响,农村相对于城市来讲地广人少,村庄分布也极不均匀,表现为点多面广、结构比较松散。

（2）职能单一，自给自足性强。村庄是农民生活和生产的场所。由于其规模一般都偏小，人口集约化程度较低，与外界交通不便，交往不多，各方面表现为一定的封闭性特征，而且经济活动内容简单。因此，村庄在一定地域空间范围内所担负的职能比较单一，自给自足性较强。

（3）人口密度低，且相对稳定。村庄的分布和人口密度受耕作面积及耕作半径的影响。从有利生产、方便生活的条件出发，要求人口不宜过分集中。另外，居民点的规模还受到生产力水平低、机械化程度不高的制约。因此，在当前一定的生产条件下，居民点的规模一般偏小，人口密度较低。从村庄的形成与发展历史来看，村庄人口的增长仅仅局限于自然增长的变化，迁村并点现象很少出现，人口的空间转移极其缓慢并相对稳定。

（4）依托土地现有资源，家庭血缘关系浓厚。土地是农业中不可替代的主要劳动对象和劳动生产资料，是农业人口赖以生存的主要物质条件。土地资源是否丰富，将直接影响到村庄的分布形态、发展速度、经济水平和建设标准。家庭是村庄组成的基本单元，也是村庄经济活动的组织单位。十一届三中全会以后，广大农村进行经济体制改革，普遍实行家庭联产承包责任制，家庭在组织生产、方便生活、文化娱乐等方面所发挥的作用越来越重要。相应地历史沿袭下来的家族观念在村庄中仍受重视，家庭血缘关系浓厚。

（5）人口向城镇转移，开始出现空心村现象。近几年来，随着我国城镇化速度的加快，越来越多的农民转向城市就业，农村已经开始出现空心村的现象。在新农村规划建设过程中必须关注农村人口转移的这一特点。

以上所述四个特点，是从农村现状分析总结出来的，对指导村庄规划和村庄建设有着一定指导意义。

2. 集镇的特点

集镇是介于村庄和城市之间的居民点。其人口结构、经济结构、空间结构等具有亦城亦村、城乡结合、工农结合的特征。

集镇的分布和发展是与一定地区的经济发展水平、社会、历史、自然条件密切相关的。纵观我国农村集镇的现状分布与发展，它一般具有以下几个特点：

（1）历史悠久，交通便利。随着社会生产力的发展和商品交换的出现，在某些交通比较便利的地带出现了集市，这种间歇性的集市，逐步发展形成集镇。目前，我国的大多数集镇都是按其原有区域经济的特点、自然条件、交通条件，或是其他历史原因而形成的，并沿袭至今。大部分集镇都具备一定的交通条件，使村镇各级居民点之间联系方便，有利生产和生活。

（2）集镇是一定区域范围内的政治、经济、文化和生活服务的中心。我国大多数集镇为乡行政机构驻地，或乡村企业的基地及城乡物资交流的集散点。大多数集镇已成为当地政治、经济、文化和生活服务的中心。

（3）广泛分布，服务农村。不论是新老集镇，还是山区平原集镇，它们的分布和经济联系半径，一般都在 5～10 km 之间。它们的服务对象，除本集镇居民外，还包含了周围的农村居民点。

（4）吸引农业剩余劳动力，节制人口盲目外流。党的十一届三中全会以后，农村经济体制的重大变革推动了农村经济的迅速发展，使得农村经济结构、产业结构、人口空间结构发生变化。农村出现越来越多的剩余劳动力，这些剩余劳动力中的一部分涌向城市。加强集镇建设，大力兴办乡镇企业，是吸引农业剩余劳动力、控制人口盲目流入城市的重要措施之一，集镇是今后村镇规划的重点。

（二）经济特点

村落与城市相比，农业经济所占的比重大，村落必须充分适应组织与发展农、牧、副、渔业生产的要求。农业生产的整个生产过程,目前主要是在村落外围土地上进行的,这充分说明村落与其外围的土地之间的关系十分密切。村落建设用地与农业用地相互穿插,这是由村落经济的特点所决定的。

(三)基础设施特点

从目前的情况看,我国村落规模较小,布局分散,又普遍存在着基础设施的严重不足。虽然近几年来,经济的发展使得一些村落的面貌发生了根本性的变化,但相对于大多数村落来说,还普通存在着道路系统分工不明确、给排水设施不齐备、公共设施标准较低等一系列问题,我国村落的基础设施发展较为滞后。

三、村落的发展概况

(一)农村的城镇化是现代城市发展的重要特点

农村城镇化是人类社会发展的必然趋势,是农业社会向工业社会逐步转化的基本途径,也是衡量一个国家或地区经济发展和社会进步的重要标志。而农村现代化最重要的标志是使农村城镇化。在我国积极推进村落建设尤其是小城镇建设,能加快农业和农村现代化的步伐,能加快农村城镇化、城乡一体化的进程。所谓城乡一体化是以功能与文化的中心城市为依托,在其周围形成不同层次、不同规模的城乡(镇)村等居民点,各自就地在居住、生活、设施、环境、管理等方面实现现代化。城市之间,城市与乡(镇)、村之间以及乡(镇)与乡(镇)、村与村之间,均由各种不同容量的现代化交通设施和方便、快捷的现代化通讯设施联结在一起,形成一个网络形式的城乡一体化的复杂社会系统,即自然—空间—人类系统,融城乡于自然、社会之中,使村落能够在具备上述交通及通信现代化的前提下,充分享受到城市现代文明(包括文化、教育、卫生、信息、科技服务等各方面)。因此,农村城镇化是城乡一体化的必由之路,也是现代化的重要标志。

(二)加快村落发展是现代化城市建设的重大战略目标

新中国成立后,我国的城市建设取得了巨大的成就,改善和发展了一大批原有城市;改建和发展了一大批新兴的工矿城镇;大量的县城得到了一定程度上的改造和发展。显然,这批城镇的发展,适应并且推动着我国社会主义社会和经济向前发展。党的十一届三中全会以后,由于党在农村的各项政策方针得以落实,农村经济迅猛发展,广大农民收入普遍增加,生活水平大幅度提高,不仅要求改善自身生活条件、兴建各类生产性建筑,而且要求增加和改善生活服务、文化教育等各类设施。仅住房一项,1978～1981年四年中,全国兴建的农村住宅约15亿㎡。

近年来,随着城市建设的迅猛发展和城镇居民生活水平不断提高,"三农"问题凸显,已经成为制约我国经济和社会发展以及实现全面建设小康社会目标的"瓶颈"。针对这种形势,国家适时地将各方面的工作重心向农村转移。党的十六届五中全会通过的《中共中央关于制定国民经济和社会发展第十一个五年规划的建议》,明确提出了建设社会主义新农村的重大历史任务,为做好当前和今后一个时期的"三农"工作指明了方向。2006年年初,中央颁布了《中共中央国务院关于推进社会主义新农村建设的若干意见》(中发〔2006〕1号),进一步出台了一系列加强"三农工作"、推进社会主义新农村建设的具体政策措施。

近十年来,我国新增农村住宅建筑面积6亿～7亿㎡,占全国新建住宅的一半以上。但由于缺乏科学的规划和指导,长期以来,农村建设处于无序和混乱状态:旧村无力改造更新,土地闲置;新宅建设侵占耕地现象严重,且无规划指导,建设水平低;村庄公共空间混乱,公用工程和设施缺失等。此外,农村住宅建设方面也存在一些问题:沿用传统粗放型住宅模式,缺乏节能省地观念;建筑技术落后,配套设施不完善,居住条件差;能源生产、利用方式落后,技术水平低,浪费严重等。

我国村镇的发展,尤其是乡镇的发展是我国城市化的重要组成部分。城市化不仅仅是我国经济发展所提出的迫切要求,也是被世界各国城市化过程所证明了的必然趋势。现代城市化具备多方面的特征,但其本质是城乡人口的再分配过程,即农村人口向城镇人口转移,农业人口向非农业人口转移。通常,人们以城镇人口占总人口的比重作为一个国家城市化水平的标志。据2000年人口普查显示,我国目前人口约12亿9000多万,如以1981～1996年平均的增长速度4%来统计,至2010年城镇人口至少要净增2.5亿人,这将是一个庞大的数字。如何安排这些人口,是一项重大的战略任务。如果把这么多人都安置在城市里,将会给城市造成重大负担,造成城市人口过多、社会混乱等问题;如果兴建新城,则需成百上千座新城来安置这些人口。但是,如果在全国的乡镇中,平均每个乡镇增加城镇人口6000人,不仅能较快地解决农村剩余劳动力的安排,而且将加快我国城镇化的发展,促进全国乡镇蓬勃发展。

（三）村镇规划是现代化城市建设的重要任务

21世纪的村镇,不但应有繁荣的经济,而且应该有丰富的文化,它是村镇综合实力的标志。村镇建设当前已成为农村经济新的增长点,全国各地积极探索村镇建设方式的转变,加快村镇建设的步伐,搞好村镇住宅建设,以基础设施和道路建设为突破口,带动整个村镇的全面发展。这深刻表明,村镇建设是我国现代化建设,特别是农村现代化建设的主要内容。

要建设好村镇,必须先有一个科学合理的规划,21世纪的村镇建设是社会主义物质文明和精神文明高度结合的现代化建设。因此,规划村镇时必须考虑到新情况、新特点和新趋势。村镇规划,尤其是乡镇规划,要满足农业现代化的要求。农业产业化、工厂化发展是村镇繁荣的经济基础,也是村镇规划建设的新内容。村镇是与大自然最亲近的人居环境。随着经济水平的提高以及人们对生态环境意识的不断增强,人们对生活居住的环境质量和建筑美学的要求也在不断提高。基础设施建设的现代化,使人们能在村镇里和城市人群一样真正享受到现代物质文明和精神文明的成果(即水、电、路、邮、通信等)。这只有通过立足当前、顾及长远,按照城乡人、财、物、信息、技术流向进行科学分析论证,合理规划建设,才能加快现代化建设的步伐。

通过对村镇形成和发展的历史回顾,以及对我国村镇建设实际情况的分析研究,可以看到村镇的建设和发展具有自身的规律。

(1)村镇的建设与发展必须与农村当前经济状况相适应。农村经济的发展为村镇建设奠定物质基础,村镇建设又为农村经济的进一步振兴创造条件,二者相互促进,相互制约,相辅相成。因此,在确定村镇建设的规模、发展速度和标准时,必须在科学发展观指导下,全面考虑农村经济的承载能力,量力而行。

(2)村镇建设发展具有地区差异性。我国是一个历史悠久、人口众多、疆域广阔的发展中国家,各地自然条件和资源蕴藏优劣多寡不一,区域经济和技术基础强弱不等。另外,各地气候特征、环境条件各异,各民族有着不同的民俗风情,村镇建设存在着明显的地区差异。因此,在村镇规划和建设时,要坚持科学发展观,不能盲目追求一个格式、一样速度和统一标准,必须承认和自觉运用地区经济发展不平衡的规律,因地制宜,发挥优势,使村镇建设各具特色。

(3)村镇建设由低级到高级逐步向城乡一体化过渡。村镇的发展取决于社会生产力的发展。由于社会生产力、社会分工是不断发展变化的,因而作为和生产力相适应的村镇建设,无论性质、规模、内容,还是内部结构,都是沿着由低级到高级、由简单到复杂逐步进化。当前世界是城市化的时代,城乡一体化是世界城镇发展的必然趋势。因此,村镇的发展最终将走向城乡一体化,即村镇的发展将向城市的生产效益、生活条件靠近。党的十六大提出了统筹城乡发展的战略思路,这种新的战略思想和发展思路跳出了传统的就农业论农业、就农村论农村的框框,要求我们站在国民经济和社会发展全局的高度研究和解决"三农"问题,改变了过去重城市、轻农村的"城乡分治"的观念和做法。党的十六届三中全会通过的《中共中央关于完善社会主义市场经济体制若干问题的决定》提出的"统筹城乡发展、统筹区域发展、统筹经济社会发展、统筹人与自然和谐发展、统筹国内发展和对外开放"的新要求,是新一届党中央领导集体对发展内涵、发展要义、发展本质的深化和创新,蕴含着全面发展、协调发展、均衡发展、可持续发展和人的全面发展的科学发展观。对此,我们要深刻理解和准确把握。

（4）农村人口的空间转移遵循"顺磁性"规律。所谓"磁性",在这里指的是居住环境(包括政治、经济、文化生活等)对人们的吸引力。大城市人口集中就是因为其生活、就业等各种条件优于农村和集镇。如果要求人口分布合理,避免大城市所带来的矛盾和问题,就应顺应人口"顺磁性"规律,把村镇建设成为具有强大"磁性"的系统,以村镇的吸引力削减城市的吸引力,减缓大城市的人口压力。当前,随着农村产业结构的变化,农村人口空间流动的重要方向就是按照一定的经济梯度,由不发达地区向发达地区、由山区向平原、由农村向集镇转移,这种人口的空间分布加速了农村人口集聚化的过程同时也推动了城乡一体化进程。

第二节 新农村建设与村落社区

一、新农村建设

新农村是目前我国集镇和村庄的总称,或者说集镇和村庄代表了新农村社区。

新农村建设,是指为适应村庄和集镇发展、生活改善、保护环境的需要而从事建筑物、构筑物、道路广场等的建设活动。它包括村落规划、村落社区住宅建设、公共设施建设、环境整治等规划建设管理等方面的内容。

党中央以科学发展观作为经济社会发展的总纲领,按照统筹城乡发展的要求,采取了一系列支农惠农的重大决策。农业和农村发生了积极的变化,迎来了新的发展机遇。但必须看到,广大农村还普遍存在基础设施缺乏,社会事业发展滞后,城乡差距扩大等突出矛盾。对于这种发展状况,在《中共中央关于制定国民经济和社会发展第十一个五年规划的建议》中,党中央明确提出了积极推进城乡统筹发展,建设社会主义新农村的重大历史任务。要按照"生产发展、生活富裕、乡风文明、村容整洁、管理民主"的要求,坚持从各地实际出发,充分尊重农民意愿,扎实稳步推进新农村建设。

加快新农村建设具有深远的历史意义和现实意义。它体现了经济建设、文化建设、社会建设的广泛内容,不但涵盖了以往国家在处理城乡关系、解决"三农"问题等方面的政策内容,而且还赋予其新时期的建设内涵。

新农村建设的具体内容包括:农田、水利等农业基础设施建设;道路、电力、通信、供水、排水等工程设施建设;教育、卫生、文化等社会事业建设;村容村貌、环境治理以及以村民自治为主要内容的制度创新等。建设好社会主义新农村有利于提高农业综合生产能力,增加农民收入;有利于发展农村社会事业,缩小城乡差距;有利于改善农民生活环境。是建设现代农业的重要保障;是繁荣农村经济的根本途径;是构建和谐社会的主要内容和全面建设小康社会的重大举措。

建设社会主义新农村,是实现中国农业现代化,进而实现中国社会主义现代化的历史必然。实现现代化,实际上就是要实现农村生产力发展的社会化、市场化;实现农业的新型工业化、产业化、企业化;实现农村的城镇化,使农民成为与城市居民具有平等身份的社会成员;这些都包括在社会主义新农村建设的内涵中。

农业现代化的核心就是实现农业生产力的社会化,实现农业的社会化生产。而社会化大生产的突出特点是专业化、协作化,同时要求高新技术不断渗透到生产力中去,转化为现实生产力。农业现代化必然要走社会化生产的发展道路,实现农业产业化、专业化、协作化,用高科技武装农业,摆脱农村自给自足的、传统的、封闭的、落后的小农经济。生产力的社会化必然要求高度的市场化,农业市场化就是通过市场经济把整个农村、农业、农民联系在一起,把城乡、工农联系在一起,使农村、农业和农民融入整个市场体系。农业现代化要求不断提高农村的市场化程度,提高农产品的商品率,要求农民由传统的自给自足的个体劳动者变成从事企业化、规模化、集约化经营和劳动的现代农业的经营者和生产者。实行农业生产的社会化、市场化、工业化、企业化。最终结果是大大节约了农业生产的成本,节约了劳动力,这样就会产生大量农村富余劳动力,农村富余劳动力要靠工业化和城镇化来吸纳。因此,要大力发展城镇化,走城乡一体化的道路。当然,城镇化要讲科学发展,农业现代化的结果是,传统农业和自然经济条件下的农业脱胎换骨,变成现代化的、社会化的、市场化的农业。一部分农民成为新型的现代农业的经营者、劳动者,一部分农民成为工业和其他产业的经营者、劳动者,越来越多的农民成为现代城镇居民,使农村成为现代化的社会主义新农村。

因此,要在深入调查研究、科学论证的基础上,结合各地实际、因地制宜地制定相应的科学的建设规划和实施方案,统筹谋划建设的内容、步骤和方法,扎实推进社会主义新农村建设。

二、新农村建设的重要意义

(一)新农村建设是经济、社会发展的需要

随着我国经济社会的迅速发展,农业、农村、农民问题逐渐成为政府和全社会共同关注的难题。解决好"三农"问题不仅关系到全面建设小康社会战略目标的实现,也关系到我国的整个现代化进程。中央提出建设社会主义新农村的重大历史任务,是要进

第一章 初识村落

一步提升"三农"工作在经济社会发展中的地位,加大各级政府和全社会解决"三农"问题的力度。同时,新农村建设作为"三农"工作的重要组成部分,是经济社会发展的需要,必将迎来一个新的发展阶段。

(1)新农村建设是城乡之间良性互动和构建农村和谐社会的需要。城市发展了,相对来讲,农村却进入一个比较落后的相对衰败的状态,城市社会和乡村社会"断裂"并存,这是不适合农村发展要求的。如何用城市与农村之间的良性互动来体现城乡之间的和谐?比如,农村用有机农业的方式进行生产,从而给城市提供安全食品,与此同时,农村可以实现生态和环境的可持续发展,不会造成短期内因为追求效益、追求收入,破坏生态环境的后果。类似这样的情况多了,就体现出我们将来要实现的新农村的一个特点,那就是城乡之间的良性互动。现在的农村其实有很多方面不符合小康社会、科学发展观以及和谐社会的要求。进一步推进新农村建设,就"新"在改变以往简单化地加快城市化的倾向,更加关注农村的发展。进入新世纪之后,随着工业化、城市化的发展,通过"两个反哺"——城市对农村的反哺、工业对农业的反哺,使农业得到一个可持续发展的基础,促进农村和谐社会的构建。

(2)新农村建设是必须解决农村内需不足的经济发展需要。改革开放以来,外资拉动和农村富余劳动力的人口红利支撑了我国工业的快速发展和经济繁荣,制造业异军突起,迅速改变了计划经济时期商品短缺并实现高速国际商品出口,使近1.2亿农村富余劳动力暂时有了就业机会。但由于制造业发展迅速,生产过剩,国内商品供大于求,约有67%～70%的制造企业已开工不足,产品出路寻求出口,使外贸依存度多年维持在近70%的高端,贸易顺差连年快速增加,引发西方国家对我国设置贸易壁垒导致贸易争端;而另一方面,13亿人口中有9亿农村人"大中国,小市场"的问题愈益严重,内需不足的生产过剩和消费萎缩,直接产生资本和劳动力双重过剩,将可能导致我国经济陷于恶性循环。

因此,"三农"问题是困扰我国经济持续高速发展的瓶颈,没有农村的繁荣和农民的富裕,我国的经济维持高速增长则遭遇极大困难。没有作为载体的农村基础设施的进步,就不可能有农业的发展并增加农民的收入,拉动内需。因此,经济发展需要进行新农村建设。

(3)新农村建设是完善农村相关社会制度的需要。与以往强调的农业经济问题相比,农村社会问题日益严峻。比如很多家庭往往原来已经达到了一定的生活水平,但会因病致贫、因学致贫。这些问题还没有得到有效解决。又比如农村社会保障的问题,老人养老的问题,五保户的救助问题,残疾人的问题等。这些问题都需要逐步建立起比较完善的社会保障体制来解决,逐渐把在城市中已经相对完善的社会保障制度在农村中也建立起来。与农村相关的社会制度的完善是新农村建设的重要特点。

(4)农村的人文、自然环境应该给人耳目一新的感觉。目前,中国人普遍的意识是:觉得留在农村就没有出息,农村就是一个相对落后的环境,人们不愿意留在农村。但在很多市场经济体制相对完善的国家,农村是一个田园风光秀美,人们生活很有幸福感的地方,因此很多城里人到了一定阶段后,有向农村回流的意愿,甚至出现了逆城市化趋向,城市人开始愿意到农村去。不仅在欧美等发达国家,在日韩及我国台湾地区,都已经出现了类似的趋势。新农村应该拥有田园风光,应该是一种生活相对比较和缓,给人感觉比较和谐的农村。这样不仅是让生活在农村的人有一个比较好的生活环境和好的感觉,也应该让城里人对农村有一个新的认识。

(二)新农村建设是国家经济安全的基础

2003年,中央提出的宏观调控的战略,对国家健康、稳定地推动经济增长有着重大的作用。我们看到了宏观调控所取得的重大成就,但是很少有人去想宏观调控是从哪里来的。2004年宏观调控的政策,很大程度上是从对农业、农村形势的分析出发而得来的。2003年农业用地减少了几千万亩(1亩=666.67平方米),突破了2010年应该稳定的18.8亿亩的耕地指标,降到了18.51亿亩,从而导致粮食播种面积降到了15亿亩以下。粮食的短缺造成了基本农产品价格的上涨,粮食价格上涨带动其他商品价格的上涨,导致物价的上涨,2004年初物价指数突破5%,最高达到5.7%,这种情况下,中央适时地采取宏观调控的政策。这个事实说明了对于像我们这样一个有着十几亿人口的大国,永远不能轻言完全靠市场来调节农业。新农村建设一个重要的战略意义,就是要保证农业作为国家经济的命脉、作为国家经济安全的战略产业。我们怎么保证呢?千家万户的小生产,两亿四千万农户,土地分割细碎,每家每户什么都搞一点,每户的农业剩余都很少,永远是这种状态,这样不符合国家可持续发展的战略需求;从粮食安全角度出发,我们也需要在农村开展新农村建设,以新农村建设来为国家的经济安全提供一个起码的基础。

(三)新农村建设是全面建设小康社会的根本

建设新农村是全面建设小康与和谐社会的战略举措和根本途径。有利于解决农村长期积累的突出矛盾和问题,突破发展的瓶颈制约和体制障碍,加快现代农业建设,促进农业增效、农民增收、农村稳定,推动农村经济社会全面进步;有利于启动农村市场,扩大内需,保持国民经济持续快速健康发展;有利于贯彻以人为本的科学发展观,改善农村生产生活条件,提高占人口绝大多数农民的生活质量,创造人与自然和谐发展的环境;有利于统筹城乡经济社会发展,落实工业反哺农业,城市支持农村和"多予、少取、放活"的方针,实现社会公平、共同富裕,从根本上改变城乡二元结构,促进城乡协调发展;有利于全面推进农村物质文明、精神文明和政治文明建设,保持经济社会平衡发展,促进农村全面繁荣。

（四）新农村建设是从根本上解决"三农"问题的战略决策

当前，"三农"工作还存在着一些突出的矛盾和问题，主要是：农民实际收入水平低，持续增收难度较大；农村社会保障水平较低，社会保障体系建设还处于初级阶段，难以满足农民日益增长的公共服务需求；公共财政面向农村投入不足，农业基础设施和农村公益设施建设滞后；农村资源环境持续恶化，村镇建设缺乏整体规划，脏乱差现象比较严重。农民素质总体上不高，小农意识较强，自我发展能力弱。要从根本上解决这些问题，必须大力推进新农村建设，凝聚全社会力量，统筹城乡资源，缩小城乡、工农、区域间差别，促进农村经济、政治、文化和社会事业全面发展。

（五）新农村建设是中央的积极政策

这几年，我国在农村基层搞了一批新农村建设的试点，在这些试点的过程中间，主要的困难就是认识上的问题——没有能够紧跟执政党提出的重大战略转变的思路。2015年，中国人口达到13亿，将来可能会达到15亿，甚至可能还要多一点。目前我国环境破坏的系数是我们经济发展系数的1.7倍。多年的工业建设，产值增长了10倍，而资源消耗增长了40倍，现在不得不依靠大量进口资源。认识不统一，可能是个人从某个局部利益出发，从个别地方的利益出发，对中央现在的这些战略调整会有不同意见，但如果我们从全局、从长远、从子孙后代的利益出发，应该理解中央提出的科学发展观与和谐社会的号召。新农村建设就是在农村贯彻科学发展观与和谐社会指导思想的重要部署，把认识统一到这个高度上来考虑现存的问题，这样可能会少一些阻力。我们应该看到积极的一面，从2003年初，自党中央明确把"三农"问题强调为全党工作的重中之重以来，已经出台了一系列实惠的政策（惠民政策）。国家领导反复强调，给农民的实惠只能增加不能减少。中央层面上已经出台了一系列好政策。

其一,就是中央不断增加对农村公共用品的投入。不仅是加强对农村管理的投入,解决乡村基层的管理开支,而且开始增加对农村医疗和教育的投入,温家宝同志在2005年的两会上庄严地承诺,到2007年,所有农村贫困家庭的子女入学问题都要解决,不能再让贫困家庭掏钱上学;2005年教育部出台的文件,贫困家庭子女交不起学费的,先入学,后解决。这些已经在政策上极大地朝向了贫困人群,朝向了农村的开支。财政增大对农村的开支是一个非常有力的措施,这是第一个解决问题的办法。2006年已经是3300多亿,这是前所未有的。

其二,在财政开支的过程中间,中央特别强调的是要把财政增加,用于农村公共投入,主要放到县以下的基层,特别是教育、医疗、卫生、科技、文化。而以往我们尽管说是增加农村的财政开支,但往往是各个部门把财政盘子分了,真正县以下农村基层得到的很少。而现在中央的指导思想是明确的,财政开支投到县以下基层,这是一个非常重要的措施。另外和这个相配套的就是国家加大了国家资金对于农村基础设施的投入,以往这也是一个各部门来分盘子的事,从2003年开始就明确指出,要把国家资金用到村以下和农民的生产生活息息相关的小项目上,如农村的小型道路、小型电力、小型通信,包括自来水、水利、小型沼气等,要让农民直接获利。中央的指导思想是非常清楚、非常明确的,就是把财政和国家资金用到县以下基层,用到和农民相关的这些项目上。这一点是非常有作用的。

其三,从2003年开始强调"三农"问题的中央文件上就明确提出要提高农民的组织化程度,进一步提出加强农村的专业合作组织建设,进一步提出加强农村基层党的组织建设,所有这些提法都针对的是面广、量大、高度分散、兼业化的、小规模的甚至是原子型的那种小农。要不断地提高农民组织化程度,加强基层的组织建设,加强农民的合作能力;农村有了组织载体,才能对接上国家的资金投入,对接上国家的政策投入,基础设施建设才能到位。这是新农村建设中的头等工作。配合中央的这些政策，全国人大正在加紧《农民合作社组织法》《农民合作社法》的立法进程。《农民合作社法》即将出台，这是保护农民组织起来扩大规模经营的一部法律，这部法律将会配以国家必要的优惠政策，比如国家会给农民组织起来的合作社以必要的减免税待遇，允许合作社进入的领域会比较宽；同时国家还会以一定的资金，用于合作社的发展，这是这几年正在开展的工作，以后会加强。

（六）新农村建设紧跟时代契机

（1）第一个时机。首先应该看到，这是一个国家战略的具体体现。不光是我们提出新农村建设，在欧洲国家，只要是有小农场的，比如像法国、西班牙、意大利、德国等，这些欧洲国家的农场相对来讲规模较小，而且原来传统的村庄还存在，从而就有新农村建设的客观需要。而他们也都是在工业化、城市化发展到一定阶段的时候，以国家财政所带动的投资为主，来进行农村的基础设施改造，来进行农村的社会制度建设，来保持或还原农村秀美风光面貌的。在工业、城市发展到一定阶段的时候，工业反哺农业、城市反哺农村，这个过程就是新农村建设的过程。对于东亚这些小农经济国家（或地区）来说，新农村建设更是一个普遍情况。日本、韩国以及我国台湾省，也同样都是针对工业化过程、城市化过程中农村出现的问题，以政府投资主导、以政府财政用于公共设施投入增加为主要的手段，带动农村的建设，实行山水田林路的综合投入、综合整治，以改变农村的面貌，保持农村山川秀美的特色。

在日、韩农村，感觉不出它跟城市在基础设施上有根本的差别，感觉到最大的差别是空气好，人们的生活质量不比城市差。现在，中国的工业发展到了中期阶段的时候，城市化加快到了一定的程度，胡锦涛同志提出两个反哺，强调工业反哺农业、城市反哺农村，相应的就提出了新农村建设，与时俱进地把新农村建设作为解决当前中国非常紧迫的"三农"问题的一个重要方面提出来,既符合我们国家的客观发展需要,也符合国际上通行的规律。因此,新农村建设在现在提出来,是一个合适的时机,也是国家在政策上实事求是的表现。

(2)第二个时机。一般的市场经济国家,当其税收占GDP的比重,或者国家财政占GDP比重达到一定程度的时候,反哺才有可能实现。20世纪90年代,尽管当时农村问题也比较复杂,但直到1997年之前,国家的财政占GDP的比重不到11%。在财政比例比较低的情况下,由财政来承担农村的公共品投入,显然是不现实的。2004年国家中央税收和地方税收加总,已经占到GDP的近20%,如果把预算外财政算进去的话,整个财政规模占GDP的比重已经有30%左右了。一般市场经济国家,在财政占GDP的30%的时候,就有条件由国家财政主导来提供农村的公共品的开支。现在农民流动打工的总量已经非常大了,据农业部统计,到2006年年末全国农村劳动力外出就业人数达到11891万人。包括很多年轻人在内的农民外出打工,无非是想得到一些国家在城市财政支持下所建立的文化、医疗、教育等,如果农村在这些方面能有所改善了,农民就没有必要背井离乡了。所以,第二个重要的提出新农村建设的时机,应该说政府把握得很好——是在财政相对增收、达到一定的比例、有一定的财政能力的情况下,开始推行新农村建设,化解农村公共品开支不足的问题。

(3)第三个时机。在新世纪之初中国加入世界贸易组织,入世之后,在世贸框架允许的范围内,我们如何加强农业,如何使中国的农业能够应对国际竞争,这也是我们必须考虑的一个方面。

中央提出新农村建设,既有战略的考虑,又有国际上(只要是小农经济国家)都有的这么一个普遍选择规律的作用,也有国家财政实力有所增强的原因,我们可以推行工业反哺农业,城市反哺农村的政策,也有在加入世贸组织以后,在国际农业竞争压力之下,如何进一步加强农业竞争力的考虑。

（七）新农村建设具有良好的发展环境和基础

目前,我国经济社会发展取得了巨大成就,总体上已经进入工业化中期,城镇化具有较好基础,公共财政实力明显增强,基本具备了工业反哺农业、城市支持农村的条件和能力,为全面推进新农村建设奠定了较好基础。中央财政不断加大对农村的支持力度,实施了一系列重大惠农政策,有力地带动了农村经济社会发展。

三、村落社区

（一）村落社区的概念

社区是一个社会学范畴的概念。1871年,英国学者梅因在《东西方村落社区》一书中首先使用了"communicy"一词。而较有影响的理解则是德国社会学家腾尼斯(1887年)在《礼俗社会与法理社会》一书中的论述——社区是基于亲族血缘关系而结成的社会联合。

在《中国大百科全书》中对社区(community)的解释为:通常指以一定 地理区域为基础的社会群体。它至少包括以下特征:有一定地理区域,有一定的人口,居民之间有共同的意识和利益,并有着较为密切的社会交往。社区与一般的社会群体不同,一般的社会群体通常都不以一定的地域为特征。

在城市规划学科,最初并没有居住社区的概念,相关的概念是住宅区和居住区,其中以居住区为规范用语。住宅区虽然不是城市规划法中的规范用语,但是在规划领域中出现的频率很高,并经常被援用,已成为约定俗成的概念。在城市规划中,多数时候社区是与城市、居住生活等概念联系在一起的,是城市某一特定区域内居住的人群及其所处空间的总括。

但是随着我国农村建设的大规模开展,社区要逐渐从城市生

第一章 初识村落

活发展到乡村生活。根据我国"十一五规划",发展的重点,从文体、卫生等各方面都向农村社区转移。结合我国现在农村建设的若干问题,及时在统一的理论指导下,进行农村社区的统一建设和规划,是十分必要和迫切的。本书偏重于在城市规划学科范围内探讨新农村社区的发展规划问题,那么对农村社区就定义为:农村社区是指居住于某一个特定区域、具有共同利益关系、社会互动并拥有相应的服务体系的一个社会群体,是农村中的一个人文和空间复合单元。"新"则指的是新的历史时期和新的规划指导思想。

（二）村落社区与城市社区

目前,我国现状的农村社区和城市社区比较,主要有以下不同:

城市社区是人类赖以生存的地域与空间概念,从城市生态学的角度看,城市系统包含社区系统,社区系统包含建筑系统。从城市规划角度看,城市是人类高密度聚居的空间系统,它与乡村相对立,是具有高度协作能力的城市人口进行生产、生活、交往、休息等活动的场所；社区则是城市人口根据地缘、业缘等关系组织在一起的空间系统,它往往担任城市空间功能的某一项或几项内容,是城市空间的子系统；建筑作为社区的子系统,它主要提供城市人口各项活动的物质空间与环境。建筑、社区、城市在系统运作中,作为建筑与城市之间的过渡系统,社区具有联系上下两者的特定功能。它担负着物质、能量、信息、人力、资金流的进出与平衡,它是城市的组织器官,是保持城市建筑系统活力的重要单位,是反映城市人口精神文明、物质文明的重要窗口。传统的城市社区就是相对单一的居住功能,以空间规划为主,地域特色不鲜明。

那么与城市社区相比,农村社区是指以主要从事农业生产的人口为主的、人口密度和人口规模相对较小的社区。目前的农村社区,仍然受到小农生产方式的影响,尚沿袭有以下六个方面基本特征:

（1）人口密度低，同质性强，流动性小。农村社区居民文化背景、职业与行为方式等差别小。社区在空间上以集镇、自然村落出现，布局比较分散，人口密度低，相互流动性小。

（2）组织结构、经济结构单一。社区以家庭为组成单位，社区组织结构简单。经济上主要以农业为主，非农产业发展滞后。

（3）风俗习惯和生活方式受传统势力影响。在一些地区，民俗乡规对农村社区的影响力强大。

（4）家庭的社会影响作用较强。农村社区的社会资本主要是由家庭或由家庭派生出来的组织等原始性社区组织所提供，它具有一定的社会保障和社会支持功能，家庭是社区的基本构成单元。

（5）社区成员关系密切，血缘关系浓厚。以个体农业经济为基础，以家庭宗族为背景。

（6）社区服务设施、物质条件等相对落后。相对于城市社区，农村社区的物质条件相对匮乏，各项服务设施落后。

四、社会主义新农村建设的要求

新时代村落社区在本质上和"社会主义新农村"的内涵是统一的。

（一）"社会主义新农村"的内涵

"社会主义新农村"是指在社会主义制度下，反映一定时期农村社会以经济发展为基础，以社会全面进步为标志的社会状态。主要包括以下几个方面：一是发展经济、增加收入。这是建设社会主义新农村的首要前提。要通过高产高效、优质特色、规模经营等产业化手段，提高农业生产效益。二是建设村镇、改善环境。包括住房改造、垃圾处理、安全用水、道路整治、村屯绿化等内容。三是扩大公益、促进和谐。要办好义务教育，使适龄儿童都能入学并受到基本教育；要实施新型农村合作医疗，使农民享受基本的公共卫生服务；要加强农村养老和贫困户的社会保障；要统筹城乡就业，为农民进城提供方便。四是培育农民、提高素质。要加强精神文明建设，倡导健康文明的社会风尚；要发展农村文化设施，丰富农民精神文化生活；要加强村级自治组织建设，引导农民主动有序参与乡村建设事业。

具体而言，所谓"新农村"包括五个方面，即新房舍、新设施、新环境、新农民、新风尚。这五者缺一不可，共同构成"社会主义新农村"的范畴，而且房屋建设要符合"节约型社会"的要求；要完善基础设施建设，道路、水电、广播、通信、电信等配套设施要俱全，让现代农村共享信息文明；

生态环境良好、生活环境优美。尤其是在环境卫生的处理能力上要体现出新的时代特征；使农民具备现代化素质，成为有理想、有文化、有道德、有纪律的"四有农民"；要移风易俗，提倡科学、文明、法治的生活观，加强农村的社会主义精神文明建设。

（二）村落社区建设的目标

在广大农村开展以村镇规划建设和文明村镇创建为主要内容的新村镇、新产业、新农民、新经济组织、新风貌和好班子新农村建设活动。

总体目标是：一年突破，三年见效，五年变样，充分调动广大干部群众的积极性和各方面的力量，力争在实现村村道路硬化、部分村组通自来水的基础上，再实现所有村镇全面完成规划编制，与城镇中心区整体发展规划接轨；使80%以上的村镇基本达到"经济社会发展，群众生活安康，环境整洁优美，思想道德良好，公共服务配套，人与自然和谐，治安秩序良好"的文明村镇标准。

第三节　村落规划的时代任务

目前建设新型村落社区是历史赋予的时代任务。村落规划则是建设活动的龙头。要实现新型村落社区的建设目标,就必须有科学合理的规划作保证。

一、促进新型村落规划建设的因素

目前国家免征农业税,中国农业基层体制正面临新的嬗变,抓住机遇,推动社会主义新农村建设,成为我国下一阶段发展的重要内容。在免征农业税的今天,应在总结我国前两次乡村建设高潮的经验和教训基础上,以统筹城乡、全面建设小康社会为目标,建设社会主义新农村为主线,推进农村综合改革,掀起第三次乡村建设的高潮。

促进新时期村庄规划建设的因素主要有以下三点:

第一,城市化并不能完全解决农村问题,我国还将有几亿人口延续数代生活在农村。中国的基本国情是农业人口基数大。那种"小国寡民"的迅速城市化显然不适用于中国。在未来几十年里,即使中国实现了50%、60%的城市化,届时仍会有数亿人生活在农村,同时农村依然担负着十几亿人吃饭的粮食安全问题。依然是我国工业化、城市化劳动力资源的主要供给者(全国4200万建筑工人中,农民工占3200万,制造业的农民工占近80%)。因此,必须在积极推进城市化进程的同时,着力推进乡村建设。

第二,农村城镇化不是要消灭农村,而是要发展农业、富裕农民、改造农村。发达国家的经验教训表明,城镇化进程是建立在农业发达、农村发展的基础上,不是要放弃农业和牺牲农村,而是要发展农村,富裕农民,建设一个新的现代化农村。否则只能导致城乡关系的畸形。拉美一些国家出现一系列社会问题,重要原因之一就是城乡断裂,带来农民的"假城市化"。让城乡居民都能普照到现代文明的阳光,这应是"两个趋势"的出发点和落脚点。

第三,推进乡村建设是许多国家和地区经济发展到一定阶段的普遍规律。针对经济起飞中出现的农业萎缩、农村衰退、城乡差别扩大等问题,日本在20世纪70年代开始积极推动"造村运动"。坚持20多年,取得显著成效。韩国政府从1970年发起"新村运动",已经坚持了30多年,农民收入已经达到城市居民的水平。我国台湾地区从20世纪60年代开始实施的农村建设项目计划,也收效较大。

目前,忽视、轻视、漠视乡村建设,一味强调推进城市化、一味强调劳务输出的现象比较普遍,不少人已经忘记了在农村还生活着8亿多农民。因此,必须在稳步推进城市化过程中,切实贯彻落实科学发展观,按照城乡统筹、构建和谐社会的要求,高度重视新农村建设,通过政策引导等措施掀起中国乡村建设的第三次高潮。第一次和第二次乡村建设高潮都是在国民经济高速增长的背景下掀起的。1927年到1937年GDP年均增长10%左右,20世纪80年代至90年代GDP年均增长超过9%。除GDP增长较快,财政增幅更大,在党中央工业反哺农业,城市支持农村和"多予少取放活"的政策指引下,完全有条件掀起第三次农村建设高潮。

二、村落规划的时代任务

30年前,在老共产党人对于"建设社会主义新农村"的宏论中,是这样描述的:"连下3天200mm的大雨,地里不积一滴水,红砖红瓦的房子一排排"。到了今天,朴实的话语仍然值得我们深思。那么,到了30年后的今天,我们又一次提出了"建设社会主义新农村"时,应该赋予它什么新的内容和时代任务呢?今天要建设的新农村应该是"21世纪的"、"有中国特色的",同时也是

"可持续发展的",它应该是"生产发展、生活宽裕、乡风文明、村容整洁、管理民主"的社会主义新农村。立足"三农",解决农民生产、生活问题,加快农村全面小康和现代化建设步伐。

根据我国目前实际村庄建设现状,要想真正建设一个21世纪的有中国特色的社会主义可持续发展的新农村,其基础条件不仅仅是资金支持,还必须首先有一个严格按法规制定的、从实际出发的、落实科学发展观的村庄规划,即合法、合理、贯彻可持续发展原则的村庄规划。

通过村庄规划,不仅仅是赋予村庄合理的空间布局,完善基础设施和公共服务设施条件,经济适用的农民住房,从而改善农民生活环境;更为重要的是,通过村庄规划,促进农村经济发展,调整产业结构,有效节约土地,推动农村社会文化事业,从而,推进农村地区经济社会的全面发展和进步。

第二章 村镇总体规划

第一节 村镇总体规划的基本任务、编制原则及内容

一、村镇总体规划的任务

村镇总体规划是对乡(镇)域范围内村镇体系及重要建设项目的整体部署。村镇总体规划的任务是以乡(镇)行政辖区及其与之有直接、间接或潜在联系的区域为规划对象,依据县城规划、县农业区划、县土地利用总体规划和各专业的发展规划,在确定的发展远景年度内,确定乡(镇)域范围内居民点的分布和生产企业基地的位置;根据各自的功能分工、地理特点和资源优势,确定村镇的性质、人口规模和发展方向;按照相互之间的关系,确定村镇之间的交通、电力、电讯以及生活服务等方面的联系。村镇总体规划体现了农业、工业、交通、文化教育、科技卫生以及商业服务等各行业系统对村镇建设的全面要求和相应建设的总体部署。

二、村镇总体规划编制的主要原则及依据

(一)村镇总体规划的主要原则

(1)编制村镇总体规划,应当以科学发展观为指导,以构建和谐社会、建设社会主义新农村为基本目标,坚持城乡统筹,因地

制宜，合理确定村镇发展战略与目标，促进城乡全面协调可持续发展。

（2）编制村镇总体规划，应当立足于改善人居环境，有利生产，方便生活；节约和集约利用资源；保护生态环境；符合防灾减灾和公共安全要求；保护历史文化、传统风貌和自然景观，保持地方与民族特色。

（3）编制村镇总体规划，应当坚持政府组织、部门合作、公众参与、科学决策的原则。

（4）编制村镇总体规划，应当遵守国家有关标准、技术规范。

（二）村镇总体规划的依据

1. 村镇总体规划纲要

在编制村镇总体规划前可以先制定村镇总体规划纲要，作为编制村镇总体规划的依据。

村镇总体规划纲要应当包括下列内容：

（1）根据县（市）域规划，特别是县（市）域城镇体系规划所提出的要求，确定乡（镇）的性质和发展方向；

（2）根据对乡（镇）本身发展优势、潜力与局限性的分析，评价其发展条件，明确长远发展目标；

（3）根据农业现代化建设的需要，提出调整村庄布局的建议，原则确定村镇体系的结构与布局；

（4）预测人口的规模与结构变化，重点是农业富余劳动力空间转移的速度、流向与城镇化水平；

（5）提出各项基础设施与主要公共建筑的配置建议；

（6）原则确定建设用地标准与主要用地指标，选择建设发展用地，提出镇区的规划范围、用地的大体布局。

2. 县级各项规划的成果

如县域规划、县级农业区划、县级土地利用总体规划等。这些规划都是比村镇总体规划高一层次的发展规划，对村镇总体规划都具有指导意义。因此,在编制村镇总体规划之前,应尽量搜集上述规划成果。并应认真分析它们对本乡(镇)范围内村镇发展的具体要求,使之具体体现和落实到村镇总体规划中来。否则,编出的总体规划,就会偏离全县发展规划的大目标,脱离实际陷入盲目性。

3. 国民经济各部门的发展计划

包括工业交通、科技卫生、文化教育、商业服务等各行业系统,它们在一定的地域内都有各自发展的计划。编制村镇总体规划时,也要认真分析、研究它们对当地乡(镇)的具体要求,将其纳入村镇总体规划中,以便与之相协调,具体体现出来。

4. 当地群众及乡(镇)政府领导干部对本乡(镇)村镇建设发展的设想

当地群众和领导干部,最熟悉本地区的情况和存在问题,对发展当地村镇生产和建设事业也都有一定的计划或设想。他们最有发言权。因此,要认真了解他们的计划或设想,特别是要了解这些计划或设想的客观依据。

上述规划成果及搜集的各项资料,都是村镇总体规划的依据。在没有编制县级区域规划的地区,在编制村镇总体规划时,应由县人民政府组织有关部门,从县域范围进行宏观预测,提出本乡(镇)范围内村镇的性质、规模、发展方向和建设特点的意见,作为编制村镇总体规划的依据。位于城市规划区内的村镇,应在城市规划的指导下进行编制。

三、村镇总体规划的期限及主要内容

(一)村镇总体规划的期限

村镇总体规划的期限是指完全实现总体规划方案所需要的年限。其期限的确定应与当地经济和社会发展目标所规定的期

限相一致,一般为 10～20 年。

(二) 村镇总体规划的主要内容

(1) 对现有居民点与生产基地进行布局调整,明确各自在村镇体系中的地位。

(2) 确定各个主要居民点与生产基地的性质和发展方向,明确它们在村镇体系中的职能分工。

(3) 确定乡(镇)域及规划范围内主要居民点的人口发展规模和建设用地规模。

第一,确定人口发展规模。用人口的自然增长加机械增长的方法计算出规划期末乡(镇)域的总人口。在计算人口的机械增长时,应当根据产业结构调整的需要,分别计算出从事一、二、三产业所需要的人口数,估算规划期内有可能进入和迁出规划范围的人口数,预测人口的空间分布。

第二,确定建设用地规模。根据现状用地分析,土地资源总量以及建设发展的需要,按照《村镇规划标准》确定人均建设用地标准。结合人口的空间分布,确定各主要居民点与生产基地的用地规模和大致范围。

(4) 安排交通、供水、排水、供电、电讯等基础设施,确定工程管网走向和技术选型等。

(5) 安排卫生院、学校、文化站、商店、农业生产服务中心等对全乡(镇)域有重要影响的主要公共建筑。

(6) 提出实施规划的政策措施。

上述总体规划内容主要可归结为"三定""五联系"。"三定"就是定点(定居民点和主要生产企业、基地的位置)、定性(定村镇的性质)和定规模(定村镇的规模);"五联系"就是交通运输联系、供电联系、电讯联系、供水联系和生活服务联系(主要公共建筑的合理配置)。

第二节　村镇体系规划

村与村、村与镇之间相互矛盾、相互联系的社会、经济、环境、资源等各方面错综复杂的联系共同构成了村镇体系形成的基础和内容,村镇体系规划就是对这些内容所进行的调查、研究、分析,并反映到物质规划建设方面并付诸实施的过程。

村镇体系规划的内容主要涵盖以下方面:

第一,综合研究村镇体系内的各种矛盾和联系,综合评价村镇体系在规划期限内的有利发展条件、潜力和制约因素,制定村镇体系发展战略。

第二,明确村镇体系规划编制的主要任务和重点内容,明确并制定重点规划区域、重点镇、重点建设中心村的建设标准和发展策略,提出村庄整治与建设的分类管理策略。

第三,预测村镇体系人口增长和城市化水平,合理进行村镇体系内生产力的布局;确定村庄布局原则和管理策略,村镇体系内各村庄的职能分工、等级结构,协调村镇体系内资源保护与产业配置、布局发展的时空关系和有效措施。

第四,编制村镇体系规划近期发展规划,明确规划强制性内容,特别是要在规划中划定禁建区、限建区、适建区范围,提出各管制分区空间资源有效利用的限制和引导措施。

第五,统筹安排区域基础设施和社会设施,确定空间管制分区和阶段实施规划及规划实施措施等各项规划内容,引导和控制村镇体系的合理发展和布局,指导村庄、集镇总体规划和建设规划的编制。

村镇体系布局是在乡(镇)域范围内,解决村庄和集镇的合理布点问题,也称布点规划。包括村镇体系的结构层次和各个具体村镇的数量、性质、规模及其具体位置,确定哪些村庄要发展,哪些要适当合并,哪些要逐步淘汰,最后规划出乡(镇)域的村镇体系布局方案,用图纸和文字加以表达。村镇体系布局是村镇总体规划的主要内容之一。县域村镇体系规划是调控县域村镇空间资源,指导村镇发展和建设,促进城乡经济、社会和环境协调发展的重要手段。编制县域村镇体系规划,要以科学发展观为指导,以构建和谐社会和服务"三农"为基本目标,坚持因地制宜、循序渐进、统筹兼顾、协调发展的基本原则。各级人民政府和城乡规划行政主管部门应高度重视县域村镇体系规划,结合当前社会主义新农村建设重点工作,切实加强村镇体系规划编制和审批工作。

一、村镇体系规划的基本要求

(一) 要有利于工农业生产

村镇的布点要同乡(镇)域的田、渠、路、林等各专项规划同时考虑,使之相互协调。布点应尽可能使之位于所经营土地的中心,以便于相互间的联系和组织管理,还要考虑村镇工业的布局,使之有利于工业生产的发展。

对于广大村庄,尤其应考虑耕作的方便,一般以耕作距离作为衡量村庄与耕地之间是否适应的一项数据指标。耕作距离也称耕作半径,是指从村镇到耕作地尽头的距离,其数值同村镇规模和人均耕地有关,村镇规模大或人少地多、人均耕地多的地区,耕作半径就大;反之,耕作半径就小。耕作半径的大小要适当。半径太大,农民下地往返消耗时间较多,对生产不利;半径过小,不仅影响农业机械化的发展,而且会使村庄规模相应地变小,布局分散,不宜配置生活福利设施,影响村民生活。在我国当前农村以步行下地为主的情况下,比较合适的耕作半径可这样考虑:在南方以水稻或棉花为主的地区,人口密度大,人均耕地少,耕作半径一般可定为 0.8~1.2km。在北方以种植小麦、玉米等作物为主的地区,相对的人口密度小,人均耕地多,耕作半径可定为 1.5~2.0km。随着生产和交通工具的发展,耕作半径的概念将会发生变化。它不应仅指空间距离,而主要应以时间来衡量,即农民到达耕作地点需花多少时间。国外常以 30~40 分钟为最高限。如果在人少地多的地区,农民下地以自行车、摩托车甚至汽车为主要交通工具时,耕作的空间距离就可大大增加,与此相适应,村镇的规模也可增大。在作远景发展规划时,应该考虑这一因素。

（二）要考虑村镇的交通条件

交通条件对村镇的发展前景至关重要,当今的农村已不是自给自足的小农经济,有了方便的运输条件,才能有利于村镇之间、城乡之间的物资交流,促进其生产的发展。靠近公路干线、河流、车站、码头的村镇,一般都有较好的发展前途。布点时其规模可以大些,在公路旁或河流交汇处的村镇,可作为集镇或中心集镇来考虑。而对一些交通闭塞的村镇,切不可任意扩大其规模,或者维持现状,或者逐步淘汰。考虑交通条件时,应考虑远景,虽然目前交通不便,若干年后会有交通干线通过的村镇,仍可发展,但更重要的还是立足现状,尽可能利用现有的公路、铁路、河流、码头,这样更现实,也有利于节约农村的工程投资。具体布局时,应注意避免铁路或过境公路横穿村镇内部。

（三）要考虑建设条件的可能

在进行村镇位置的定点时,要进行认真的用地选择,考虑是否具备有利的建设条件。建设条件包括的内容很多,除了要有足够的同村镇人口规模相适应的用地面积以外,还要考虑地势、地形、土壤承载力等方面是否有利于建筑房屋。在山区或丘陵地带,要考虑滑坡、断层、山洪、冲沟等对建设用地的影响,并尽量利用背风向阳的坡地作为村址。在平原地区受地形约束要少些,但应注意不占良田、少占耕地,并考虑水源条件。只有接近和具有充足的水源,才能建设村镇。此外,如果条件具备,村镇用地尽可能在依山傍水、自然环境优美的地区,为居民创造出适宜的生活环境。总之,尽量利用自然条件,因地制宜地来确定村址。

(四)要满足农民生活的需要

规划和建设一个村庄,要有适当的规模,便于合理配置一些生活服务设施。特别是随着党在乡村各项政策落实后,经济形势迅速好转,农民物质文化生活水平日益提高,对这方面的需要就显得更加迫切了。但是,由于村庄过于分散、规模很小,不可能在每个村庄上都设置比较齐全的生活服务设施,这不仅在当前经济条件还不富裕的情况下做不到,就是将来经济情况好一些的时候,也没有必要在每个村庄都配置同样数量的生活服务设施,还是要按着村庄的类型和规模大小,分别配置不同数量和规模的生活服务设施。因此,在确定村庄的规模时,在可能的条件下,使村庄的规模大些,尽量满足农民在物质生活和文化生活方面的需要。

(五)村镇的布点要因地制宜

应根据不同地区的具体情况进行安排,比如南方和北方、平原区和山区的布点形式显然不会一样。就是在同一地区以农业为主的布局和农牧结合的布局也不同。前者主要以耕作半径来考虑村庄布点;后者除考虑耕作半径外,还要考虑放牧半径。在城市郊区的村镇规模又同距城市的远近有关。特别是城市近郊,在村镇布点、公共建筑布置、设施建设等方面都受到城市的影响。城市近郊应以生产供应城市所需要的新鲜蔬菜为主,其半径还要符合运送蔬菜的"日距离",并尽可能接近进城的公路。这样根据不同的情况因地制宜作出的规划才是符合实际的,才能达到"有利生产,方便生活"的目的。

（六）村镇的分布要均衡

力求各级村镇之间的距离尽量均衡，使不同等级村镇各带一片。如果分布不均衡，过近则会导致中心作用削弱，过远又受不到经济辐射的吸引，使经济发展受到影响。

（七）慎重对待迁村并点问题

迁村并点，即是指村镇的迁移与合并，是村镇总体规划中考虑村镇合理分布时，必然遇到的一个重要问题。

我国的村庄，多数是在小农经济基础上形成和发展起来的，总的看来比较分散、零乱。这种状况既不符合农村发展的总趋势，也不利于当前农田基本建设和农业机械化。因此，为了适应乡村生产发展和生活不断提高的需要，必须对原有自然村庄的分布进行合理调整，对某些村庄进行迁并。这样做不仅有利于农田基本建设，还可以节省村镇建设用地，扩大耕地面积，推动农业生产的进一步发展。规划中应当结合当地实际，综合考虑下列因素，以确定不同地域的村庄迁并标准：

（1）人口规模。人口规模过小的村庄。

（2）安全隐患。存在自然灾害安全隐患的村庄，包括地处行洪区、蓄滞洪区、矿产采空区、泥石流、滑坡、塌陷、冲沟等地区的村庄。

（3）环境问题。存在严重环境问题的村庄，包括供水、供电、通信、交通等基础设施严重匮乏且修建困难的村庄；位于水源地、自然生态保护区、风景名胜核心区等生态敏感区的村庄；地方病高发地区的村庄。

（4）其他方面。重点建设项目占地或压占矿产资源的村庄；位于城镇内部和近郊逐步与城镇相融合的村庄；地域空间上接近且逐渐融为一体的村庄等。

二、村镇体系布局规划

（一）村镇体系的概念

村镇体系是乡村区域内相互联系和协调发展的居民点群体网络。农村居民点，包括集镇和规模大小不等的村庄，从表面看起来它们是分散、独立的个体，实际上是在一定区域内，以集镇为中心，吸引附近的大小村庄组成的群体网络组织。它们之间既有分工，又在生产和生活上保持了密切的内在联系，客观地构成了一个相互联系、相互依存的有机整体。例如，在生活联系方面，住在村庄里的农民，看病、孩子上中学、购物、看电影等，要到镇上去；在生产联系方面，买化肥、农药和农机具，交公粮等，也要到镇上去。就行政组织联系来说，中心村或基层村都受乡（镇）政府领导，国家和上级的方针政策都要通过乡（镇）政府来传达、贯彻、执行。就农村经济发展而言，也是相互促进，相互依存的关系：广大农村经济发展了，为集镇提供了充足的原料和广阔的市场，提供大批剩余劳动力，促进了集镇的繁荣和发展；反过来，集镇的经济发展和建设，对广大农村的经济发展又起到推动作用，为农业发展和提高农民生活水平提供了更便利的条件。

（二）村镇体系的结构层次

村镇体系由基层村和中心村、一般集镇和中心集镇四个层次组成。

村庄是乡村中组织生产和生活的基本居民点。基层村一般是村民小组所在地，设有仅为本村服务的简单的生活服务设施；中心村一般是村民委员会所在地，设有为本村和附近基层村服务的基本的生活服务设施。集镇是乡村一定区域的经济、文化和服务中心，多数是乡（镇）人民政府所在地。一般集镇具有组织本乡（镇）生产、流通和生活的综合职能，设有比较齐全的服务设施；

中心集镇除具有一般集镇的职能外,还具有推动附近乡(镇)经济和社会发展的作用,设有配套的服务设施。

这种多层次的村镇体系,主要是由于农业生产水平所决定的。为了便于生产管理和经营,形成了我国乡村居民点的人口规模较小、布局分散的特点。这个特点将在一定的时期内继续存在,只是基层村、中心村和集镇的规模和数量随农村经济的发展会逐步有所调整。基层村的规模或数量会适当减少,集镇的规模或数量会适当增加,这是随着农村商品经济发展而带有普遍性的发展趋势。

(三)建立村镇体系的意义

村镇体系不是凭空想出来的,而是在村镇建设的实践基础上获得的。过去在村镇建设上曾出现过"就村论村,以镇论镇"的问题,忽视了村镇之间具有内在联系这一客观实际,盲目建设、重复建设,造成了不必要的浪费和损失。这些经验和教训提醒了我们,不能忽视村镇之间具有的内在联系。村镇体系这一观点,体现了具有中国特色的村镇建设道路,是我国村镇建设的理论基础,并成为我国村镇建设政策的重要组成部分,由此确定了村镇建设中的许多重大问题:

(1)明确了村镇体系的结构层次问题。

(2)进一步明确了村镇总体规划和村镇建设规划是村镇规划前后衔接、不可分割的组成部分。

(3)确定了以集镇为建设重点,带动附近村庄进行社会主义现代化建设的工作方针。这一方针是根据我国国情确定的,在当前农村经济还不是十分富裕的情况下,优先和重点建设与发展集镇,以集镇作为农村经济与社会发展的前沿基地,带动广大村庄的全面发展,逐步提高居住条件、完善服务条件、改善环境条件,这些都具有积极的战略意义。

三、村镇基础设施规划

村镇生产、生活等各项经济活动的正常进行，村镇的发展，有赖于村镇基础设施的正常保障。因此，村镇在实现人口增加、空间扩展过程中需要重点突出、按部就班地解决好重要基础设施的问题。村镇基础设施规划主要包括：交通、给水、排水、供电、燃气、供热、通信、环境卫生、防灾等各项村镇工程系统。

村镇交通工程系统担负着村镇日常的内外客运交通、货物运输、居民出行等活动的职能；村镇供电工程系统担负着向村镇提供高能、高效的能源的职能；村镇燃气工程规划系统担负着向村镇提供卫生的燃气能源的职能；村镇供热工程系统担负着提供村镇取暖和特种生产工艺所需要的蒸汽等职能；村镇供电、燃气、供热工程系统三者共同担负着保证村镇高能、高效、卫生、方便、可靠的能源供给职能；村镇通信工程系统担负着村镇内外各种交通信息交流、物品传递等职能，是现代村镇之耳目和喉舌；村镇给水工程系统担负着供给村镇各类用水、保障村民生存与生产的职能；村镇排水工程系统担负着村镇排涝出渍、治污环保的职能；村镇给水、排水工程系统共同担负着村镇生命保障，"吐故纳新"之职能。村镇防灾工程系统担负着防、抗自然灾害、人为灾害，减少灾害损失，保障村镇安全等职能；村镇环境卫生工程系统担负着处理污废物、洁净村镇环境的职能。

村镇域基础设施规划目的是要在村镇范围内建立起各类基础设施的良好骨架从而满足整个乡镇的供水、供电、通信等需要，并为镇区建设规划和村庄建设规划提供工程方面的依据。

规划过程中应注意到村镇与城市的区别，合理确定基础设施的开发时序。制定合理的基础设施开发时序，不仅可以充分利用资金，还可以有效地引导村镇的发展方向。基础设施投资巨大，在建设中应本着适度超前的原则。过度超前不仅难以解决资金的问题，还无法获取相应的收益；反之，前瞻性不够则会阻碍村镇的健康发展。

村镇重要基础设施开发时序的基本要求是坚持因地制宜的原则,抓住村镇建设的主要矛盾,首先建设能够解决主要矛盾的基础设施,实现村镇健康有序地发展。

四、村镇资源开发与生态保护规划

资源是人类赖以生存和发展的基础和源泉。狭义的资源仅指自然资源,而广义的资源则包括自然资源和社会资源。自然资源是存在于自然界的、有用的自然物质和能源,包括土地、水、空气、矿藏等。社会资源是人类活动创造的资源,包括资本、信息、知识、技术、信誉、伦理、政策、制度等。

自然资源具有可用性、整体性、变化性、空间分布不均匀性和区域性等特点,是人类生存和发展的物质基础和社会物质财富的源泉,是可持续发展的重要依据之一。

人类生存和发展离不开自然、社会、环境提供给人们的资源,这是人类赖以生存的物质条件和社会条件,因此培养科学的资源意识十分重要。资源意识包括对资源性质种类及有限性等知识性认知,保护和节省不可再生资源,加紧开发利用并培植可再生资源,以及对资源的合理、高效综合利用等的情感要求。对"资源"概念的认识蕴含价值观念,在人与自然的关系上,人不是自然的主宰,判定自然界各种事物是否有用不能仅仅以人的需要为依据,还要考虑到自然本身固有的价值存在。因此,可以说整个环境就是资源的整体。同时在一定时空和社会历史条件下,资源是有限的,要充分利用环境提供的有限资源,使得相对有限的资源满足人类相对无限的需要既是经济学要解决的问题,也是环境教育的一个重要课题。培育资源意识对培养受教育者的道德价值观、思维能力和水平有重要意义。

（一）自然资源利用与保护中存在的主要问题

（1）缺乏有效的资源综合管理及把自然资源核算纳入国民经济核算体系的机制，传统的自然资源管理模式和法规体系将面临市场经济的挑战。

（2）经济发展在传统上过分依赖于资源和能源的投入，同时伴随大量的资源浪费和污染产出，忽视资源过度开发利用与自然环境退化的关系。

（3）采用不适当行政干预的方式分配自然资源，严重阻碍了资源的有效配置和资源产权制度的建立以及资源市场的培育。

（4）不合理的资源定价方法导致了资源市场价格的严重扭曲，表现为自然资源无价、资源产品低价以及资源需求的过度膨胀。

（5）缺乏有效的自然资源政策分析机制以及决策的信息支持，尤其是跨部门的政策分析和信息共享，从而经常出现部门间政策目标相互摩擦的不利影响。

（6）资源管理体制上分散，缺乏协调一致的管理机制和机构。

（二）自然资源利用与保护的原则

为了确保有限自然资源能够满足经济可持续高速发展的要求，必须执行"保护资源，节约和合理利用资源"、"开发利用与保护增殖并重"的方针和"谁开发谁保护、谁破坏谁恢复、谁利用谁补偿"的政策，依靠科技进步挖掘资源潜力，充分运用市场机制和经济手段有效配置资源，坚持走提高资源利用效率和资源节约型经济发展的道路。自然资源保护与可持续利用必须体现经济效益、社会效益和环境效益相统一的原则，使资源开发、资源保护与经济建设同步发展。

（1）立足于自然资源基本自给，充分利用村镇内外的资源。

（2）自然资源开发与保护相结合的原则。应按照不同资源类型、区域和特点,制定具体的开发保护计划,其目标应使自然资源得到合理的永续利用,并使自然环境得到不断改善。

(3)资源开发与资源节约相结合原则。资源开发投资大、周期长、成本高,应作为中长期发展重点。二者互为依存,要根据不同资源、不同条件确定其侧重点。

(4)因地制宜原则。由于自然资源时空分布的不均匀性和严格的区域性,以及不同资源的不同特性,因此在自然资源合理利用中必须因地制宜、因时制宜。

(5)资源开发的超前准备与后继开发相结合。

（三）生态保护规划

农村是中国重要的社会区域、经济区域,也是各种自然资源、自然生态系统集中的地方。因此,农村生态环境的优劣,直接作用于农业生产和农村经济的持续发展,同时也影响广大人民群众的居住地——村镇的环境。

生态保护规划是通过分析区域生态环境特点和人类经济、社会活动,以及两者相互作用的规律,依据生态学和生态经济学的基本原理,制定区域生态保护目标以及实现目标所要采取的措施（规划的技术路线）。

1. 当前我国农村生态环境面临的重要问题

(1)中国国土面积大,但耕地面积少,人均耕地只有1亩多,远远低于世界人均水平,是世界上人均耕地面积比较少的国家之一,而且呈人口逐年增多、耕地逐年减少的趋势。据统计,从20世纪50年代到80年代,中国耕地面积减少了14339万亩,人均耕地面积已减少了一半,主要原因是基本建设占用耕地现象日益严重。

(2)中国耕地质量呈下降趋势。耕地有机质含量下降,同时盐碱化、沙漠化、水土流失和自然灾害等严重威胁着大量耕地。

(3)森林覆盖率低,仅为13.4%,远远低于31.4%的世界平均水平,位居世界后列。特别是占国土面积50%的西部干旱、半干旱地区,森林覆盖率不足1%,而且宜林地因各种占用还在大量减少,森林资源不断受到乱砍滥伐的威胁,火灾、病虫害等也常常导致大片森林衰退消失。

(4)中国草地资源丰富,然而存在风蚀沙化威胁,草地植被破坏,超载放牧,不合理开垦以及草原工作中的低投入、轻管理问题,导致草地退化严重,鼠害增加,优良牧草不断减少,且产量降低、质量下降。

(5)农田受到工业"三废"的污染。目前受到工业"三废"污染的农田已有1亿多亩,引起粮食减产,每年达100亿公斤。水体受到污染,水养殖业损失严重。

(6)滥用农药现象十分普遍。一些高产地区每年的施药次数多达十余次,每亩用量高达1kg,致使部分粮食、蔬菜、畜禽产品、蜂蜜以及其他农副产品农药含量严重超标,农药中毒事故和农药污染纠纷呈上升趋势。

(7)乡镇企业污染严重。20世纪80年代异军突起的乡镇企业数量多、分布散、规模小、行业杂、技术力量弱,污染也很严重。农村环境是村镇环境的基础,为了保护好农村生态环境,必须提高农民的环境保护意识,加强法制建设,合理利用自然资源,植树造林,加强国际交流,进行生态农业建设。

村镇发展中如不注意生态保护,盲目发展,将会造成严重的后果。村镇的污染物就地排放,本身无能力分解,造成村镇本身的污染。另外,将污染废物输送到村镇之外,一般排放集中,被排农村无能力分解,造成农业污染,最终将危害人类自身。

2. 村镇污染类型与防治

当前村镇污染主要是水体污染,其次是烟尘、大气污染和噪声污染。

(1)水体污染。如果未经过处理的污废水大量排放到江河湖泊中,超过了水体的自净能力,水体将变色、发臭,鱼虾死亡,这说明水体受到了严重的污染。

水体污染来源有两种。一是自源污染：地质溶解作用；降水对大气的淋洗、对地面的冲刷，夹杂各种污染物进入水体，如酸雨、水土流失等。另一种是人为的污染，即工业废水和生活污水对水体的污染。

水体污染的防治可采取以下几种方法：

1)全面规划、合理布局是防止水污染的前提和基础。对河流、湖泊、地下水等水源，加强保护，建立水源卫生保护带。对江河流域统一管理，妥善布置和控制排污，保持河流的自净能力，不能使上游污染危及下游村镇。

2)从污染源出发，改革工艺、进行技术改造、减少排污是防治的根本措施。实际证明，通过加强管理、改进工艺，实行废水的重复使用和一水多用，回收废水中的有用成分，既能有效地减少工业废水的排出量、节约用水，又能减少处理设施的负荷。

3)加强工业废水的处理和排放管理，执行国家规定的废水排放标准，促进工厂进行工艺改革和废水处理技术的发展。

4)完善村镇排水系统，根据条件对污水进行适当的处理。

（2）大气污染。大气是人类及一切生物呼吸和进行新陈代谢所必不可少的物质。所谓大气污染是指由于人类的各种活动向大气排放的各种污染物质，其数量、浓度和持续的时间超过环境所允许的极限(环境容量)时，大气质量发生恶化，使人们的生活、工作、身体健康以及动、植物的生长发育受到影响或危害的现象。

大气污染物多种多样，主要来源于燃料燃烧时排放的烟尘以及工厂、矿井的排气、漏气、跑气和粉尘等。其中对人类生活环境威胁较大的是烟尘中的二氧化硫、一氧化碳、硫化氢、二氧化碳以及一些有毒的金属离子等。

消除和减轻大气污染的根本方法是控制污染源；同时，规划好自然环境，提高自净能力。防治大气污染的技术措施有：

1)改进工艺设备、工艺流程，减少废气、粉尘排放；

2)改革燃料构成。选用燃烧充分、污染小的燃料。如城市

煤气化,有条件的地方尽量采用太阳能、地热等洁净能源,汽车燃料采用无铅汽油等;

3)采用除尘设备,减少烟尘排放量;

4)发展区域供热。按照环境标准和排放标准进行监督管理,管理和治理相结合,对严重污染者依法制裁。

防治大气污染的规划措施有:

1)村镇布局规划合理。合理规划工业用地是防治大气污染的重要措施。工业用地应安排在盛行风向的下侧。主要考虑盛行风向、风向旋转、最小风频等气象因素。规划时,除应收集本市、本县的气象资料外,还要收集当地的资料。

2)考虑地形、地势的影响。局部地区的地形、地貌、村镇分布、人工障碍物等对小范围内气流的运动产生影响,因此在山区及沿海地区的工厂选址时,更要注意地形、地貌对气流产生的影响,尽量避开空气不流通、易受污染的地区。

3)山区及山前平原地带易产生山谷风,白天风向由平原吹向山区,晚上风向相反,此风可视为当地的两个盛行风。散发大量有害气体的工厂应尽量布置在开阔、通风良好的山坡上。

4)山间盆地地形比较封闭,全年静风频率高,而且产生逆温,有害气体不易扩散,因此不宜把工业区与居住区布置在一起。污染工业应布置在远离城市的独立地段。

5)沿海地区的工业布局要考虑海、陆风的影响。白天风从海洋吹向大陆,为海风;晚上风从陆地吹向海洋,为陆风。可把生活区、工业区平行布置,在垂直岸线方向发展,两者中间置以绿化防护带或农林生产地带。

6)设置卫生防护带。设置卫生防护带,种植防护林带,可维持大气中氧气和二氧化碳的平衡,吸滞大气中的尘埃,吸收有毒有害气体,减少空气中的细菌。同时,可以根据某些敏感植物受污染的症状,对大气污染进行报警。

(3)噪声污染及防治。有些声音是人们日常生活中所需要的或者是喜欢听的,但有些声音却是不需要的,听起来使人厌烦,甚至发生耳聋或者其他疾病，这就是不受欢迎的噪声。噪声有大有小，强度不同，噪声的强度用声级来表示，其单位为分贝(dB)。

一般来讲，声音在50dB以下，环境显得安静；接近80dB时，就显得比较吵闹；到90dB时，环境会显得十分嘈杂；如果到120dB以上，耳朵就开始有痛觉，并有听觉伤害的可能。噪声的危害不容忽视，轻则干扰和影响人们的工作和休息，重则使人体健康受到损失。在噪声的长期影响下，会引起听力衰退、精神衰弱、高血压、胃溃疡等多种疾病。如果长期在90dB的噪声环境里劳动，就会患不同程度的噪声性耳聋，严重的还会丧失听力。随着社会的发展，噪声污染将呈上升趋势。噪声的来源主要有以下几个方面：

1）工厂噪声。工厂噪声主要是指工厂设备在生产过程中所发出的噪声；

2）交通噪声。机动车噪声为主要噪声声源，主要包括汽车、拖拉机等，少数村镇还有铁路和轮船；

3）建筑及市政工程施工噪声。现阶段村镇建设迅速发展，村镇中有大量的建筑工地，建筑施工中立模板、打桩、浇筑混凝土的噪声很大，影响居民正常的休息和生活，必须依法进行管理；

4）日常生活及社会噪声。包括家庭噪声、公寓噪声及公共建筑(如中学、小学)、娱乐场所、儿童游戏场所、体育运动场所等的噪声。

噪声防治的目标就是使某一区域符合噪声控制的有关标准。治理噪声的根本措施是减少或者消除噪声源。通过改革工艺设备、生产流程等方法来减少或消除噪声源；通过吸声、隔声、消声、隔振、阻尼、耳罩、耳塞等来减少噪声。常用的规划措施有：

1）远离噪声源。村镇规划时合理布局，尽可能将噪声大的企业或车间相对集中，和其他区域之间保持一定的距离，使噪声源和居住区之间的距离符合表2-1的要求；

表 2-1 噪声标准

（a）工业企业噪声标准（每天工作 8h）

企业类别	A 声级 /dB
新建企业	85
现有企业	90
已建企业	85

（b）居住区环境噪声标准

时间	A 声级 /dB
白天：晨 7 时至晚 9 时	46～50
夜晚：晚 9 时至晨 7 时	41～45

（c）一般噪声标准

	A 声级 /dB
为保护听力，最高噪声级	75～90/dB
工作和学习	55～70/dB
休息和睡眠	35～50/dB

2）采取隔声措施。合理布置绿化。绿化能降低噪声，绿化好的街道比未绿化的街道可降低噪声 8～10dB。利用隔声要求不高的建筑形成隔声壁障，遮挡噪声；

3）合理布置村镇交通系统，减少交通噪声污染。

3. 村镇工业环境保护

中国的乡镇工业创始于 20 世纪 50 年代后期，是在农村手工业基础上逐步发展起来的。自党的第十三届三中全会以来，在十多年的时间里，乡镇工业发展迅猛。1993 年，全国乡镇工业总产值达 23446.59 亿元，已占全国工业总产值的 40%。

乡镇企业为农村剩余劳动力从土地上转移出来，为农村的脱贫致富和逐步实现现代化开辟了一条新路，乡镇企业已成为中国农村经济的强大支柱、国民经济的重要组成部分和中小企业的主体。然而，随着乡镇企业（特别是乡镇工业）的发展，村镇环境污染和生态破坏也日益严重，引起了人民的普遍关注。

乡镇企业在中国社会经济发展中的地位越来越重要,因此,如何妥善地处理好乡镇工业的发展和环境生态保护的关系就显得尤为重要。

乡镇企业面临的主要环境问题伴随着乡镇企业的迅速发展,乡镇企业(主要是乡镇工业)对村镇的环境污染和生态破坏日益突出。

乡镇企业一般都建立在水源比较丰富的村镇周围,而现在的农村生态环境是建立在低层次的自然生态良性循环基础上的。所以,其水环境容量很低,一旦被污染,恢复起来十分困难。

在我国东部沿海地区,由于历史和自然条件的原因,乡镇工业发展较快,污染负荷较大;加上东部地区城市大工业的环境污染负荷大,污染又从城市向农村迅速蔓延并呈现逐渐连成一片的趋势,因而成为中国乡镇工业的主要污染地区。我国中、西部地区,乡镇工业发展较东部地区慢一些,但当地自然资源丰富,利用本地资源发展起来的冶炼、采矿等行业,由于工业技术落后、设备相对简陋,对资源、能源浪费较大,造成了局部区域比较严重的水体和大气污染。

由于缺少规划、疏于管理、环境意识差等原因和急于脱贫致富的心态,乡镇企业尤其是一些个体联户企业,对矿产资源随意乱采滥挖,致使植被破坏、林木被毁、草场退化、土地沙化、河道淤塞,造成了局部地区生态严重失衡和资源的严重浪费。局部地区由于冶炼、土炼硫、土炼汞等排放的高浓度有毒有害废气,已造成冶炼炉台周围区域植被死光、粮食绝收,成为"不毛之地"、"生态死区"。

(1)乡镇工业的环境保护。解决乡镇工业的污染问题主要包括以下六个方面:

1)提高环境意识,广泛开展乡镇工业环境保护的宣传教育工作。

2)加快乡镇工业环境保护的法制建设,建立并完善乡镇工业的环境管理法规体系。

3）加强乡镇工业的环境规划，合理布局工业，调整和改善产业结构和产品结构。

4）强化环境管理，加强乡镇工业环境管理机构的建设，提高管理和技术人员的素质；加强部门协作，坚持引导和限制相结合的原则，因地制宜，做好乡镇工业重点污染地区和主要污染行业的环境保护工作；一切新建、扩建、改建工程项目必须严格执行"三同时"的规定，把治理污染所需的资金纳入固定资产投资计划，坚持"谁污染，谁治理"的原则。

5）依靠科技进步，推广无废、少废工艺，逐步加强对乡镇工业生产过程的环境管理。

6）组织开发、研制适用的乡镇工业污染防治技术和装备，积极发展乡镇工业的环保产业。

（2）村镇工业环境保护的规划措施。

1）端正村镇工业的发展方向，选择适当的生产项目。各村镇应根据本地资源情况、技术条件和环境状况，全面规划，合理安排，因地制宜地发展无污染和少污染的行业。

2）合理安排村镇工业的布局。从环境保护的角度出发，把村镇工业分类分别进行布置。工业布局要从村镇的实际情况出发，合理布置功能区。就村镇环境保护来讲，工业的布点应按以下原则安排：

①远离村镇的工业。如排放大量烟尘、有害气体、有毒物质的企业，以及易燃易爆、噪声震动严重扰民的企业，建在远离村镇的地方；

②布置在村镇边缘的工业。这类工业占乡镇工业的大多数。这类工业的布置，也要考虑村镇水源的上下游、主导风向等因素；

③可布置在村镇内的工业。这类工业多为小型食品加工业、小型轻纺和服务性企业等，大多规模不大、无污染或轻度污染。

工厂布置时，还要注意到某些工厂今后发展、转产的可能。特别是目前乡镇企业正处在发展和调整阶段，工业布局要有长远的发展观念，才能避免今后可能出现的被动局面。而且，工业布局还必须注意到直接影响环境问题的地理因素、气象因素等。例如,山区村镇要注意到山谷中不利于大气污染物的稀释扩散;平原地区的村镇要注意防止对附近农田的污染;自然保护区、风景游览区、水源保护区等有特殊环境意义要求的区域,不能兴建污染型工厂和某些乡镇企业等。

企业厂址的选定,要充分注意当地的地理条件。地理条件对工厂废弃物的扩散会产生一定的影响。严格控制新的污染源。发展村镇企业,必须同时控制污染,杜绝环境污染的加重。所有新建和改扩建的村镇企业,都必须执行"三同时"政策。同时,也要防止污染从大城市向村镇扩散。

限期治理村镇企业污染。对易产生污染的村镇企业,应根据国家有关文件,分别采取关、停、并、转等措施,使其限期达到国家和地方制定的污染物排放标准。

总之,村镇资源的开发与保护工作中,应该坚持保护优先,预防为主,防治结合的原则,同时注意生态保护与经济发展相结合,统筹规划,突出重点,分步实施,达到资源、环境、经济的合理利用,走可持续发展的道路。

第三节　村镇性质、规划范围及规划规模

确定村镇的性质和规模是村镇总体规划的重要内容之一,正确拟定村镇的性质和规模,对村镇建设规划非常重要,有利于合理选定村镇建设项目,突出规划结构的特点,为村镇建设总体规划方案提供可靠的技术经济依据。

大量村镇建设实践证明,重视并正确拟定村镇性质和规模,村镇建设规划的方向就明确,建设依据就充分。反之,村镇发展方向不明,规划建设就被动,规模估计不准,或拉大架子,或用地过小,就会造成建设和布局的紊乱。

一、村镇的性质

村镇的性质是指一个具体村庄或集镇在一定区域范围内,在政治、经济、文化等方面所处的地位与职能,即村镇的层次;特点与发展方向,即村镇的类型。村镇性质制约着村镇的经济、用地、人口结构、规划结构、村镇风貌、村镇建设等各个方面。在规划编制中,要通过这些方面把村镇的性质体现出来,发挥其应有的地位和职能。因此,正确地确定村镇性质是村镇规划十分重要的内容。

二、村镇规划范围

村镇规划区,是指村镇建成区和因村镇建设及发展需要实行规划控制的区域。村镇规划区的具体范围,在报经批准的村镇总体规划中划定。

三、村镇规划规模

村镇规模一般用村镇人口规模和村镇用地规模来表示,但用地规模随人口规模而变化,所以村镇规模通常以村镇人口规模来表示。村镇人口规模是指在一定时期内村镇人口的总数。村镇规划人口规模是指规划期末的人口总数。

村镇规划人口规模是村镇规划和进行各项建设的最重要的依据之一,它直接影响着村镇用地大小、建筑层数和密度、村镇的公共建筑项目的组成和规模,影响着村镇基础设施的标准、交通运输、村镇布局、村镇环境等一系列问题。因此,对村镇人口规模估计得合理与否,对村镇的影响很大。如果人口规模估算过大,造成用地过大、投资费用偏高和土地使用上长期不合理与浪费;如果人口规模估计太小,用地也会过小,相应的公共设施和基础设施标准就不能适应村镇建设发展的需要,会阻碍村镇经济发展,同时造成生活居住环境质量下降,对村镇上居民的生活和生产带来不便。

因此,在村镇规划中,正确地确定村镇规划人口规模,是经济合理地进行村镇规划和建设的基础。

(一)村镇人口的调查与分析

在预测规划人口规模之前,必须首先调查清楚村镇人口现状和历年人口变化情况,以及由于各部门的发展计划和农村剩余劳动力的转移等而引起的人口机械变动情况,并进行认真分析,从中找出规律,以便正确地预测村镇规划人口规模。

(1)集镇人口的分类。在进行现状人口统计和规划人口预测时,村庄人口可不进行分类。集镇人口应按居住状况和参与社会生活的性质分为下列三类:

1)常住人口。是指长期居住在集镇内的居民(非农业人口和自带口粮进镇人口)、村民、集体(单身职工、寄宿学生等)三种户籍形态的人口;

2)通勤人口。指劳动、学习在镇内,而户籍和居住在镇外,定时进出集镇的职工和学生;

3)流动人口。指出差、探亲、旅游、赶集等临时参与集镇生活的人员。

(2)村镇历年人口变动。村镇人口的增长来自两方面:人口的自然增长和人口机械增长,两者之和便是村镇人口的增长数值。人口年增长的速度,通常以千人增长率表示。

1)人口自然增长数和人口自然增长率。人口自然增长数,就是一定时期和范围内出生人数减去死亡人数而净增的人数。

人口自然增长率,就是人口自然增长的速度。年自然增长率就是某年内出生人数减去死亡人数与该年年初总人口数的比值,即

年自然增长数=年出生人数-年死亡人数

年机械增长数=年迁入人数-年迁出人数

年综合增长数=年自然增长数+年机械增长数

$$年自然增长率 = \frac{年自然增长数}{年初总人口数} \times 1000‰$$

因为年自然增长率只代表某年人口的增长速度，不能代表若干年（如规划年限）内人口的增长速度，还需要知道若干年内的年平均自然增长率，因为它是计算人口规模的依据。

年平均自然增长率，就是一定年限内多年平均的自然增长率，可由若干年的年自然增长率和相应年数求出：

$$年自然增长率 = \frac{本年度出生人数 - 本年度死亡人数}{年初总人口数} \times 1000‰$$

$$平均自然增长率 = \frac{若干年人口自然增长率之和}{相应年数}$$

2）人口机械增长数和人口机械增长率。机械增长数主要包括发展工副业和公共福利事业吸收劳动力以及迁村并点引起人口增减等两个方面。至于参军和复员转业、学生升学等原因引起的人口增减，因人数不多，可以省略不计。

发展工副业和公共福利事业，其劳动力都是从整个区、乡（镇）辖区范围内各村吸收的。根据现行政策，这类工副业吸收农业剩余劳动力，户粮关系不转，可以不考虑带眷人数，只考虑职工人数。至于村办企业的职工，均为本村或附近村的劳动力，在家食宿，不会引起人口增减。

迁村并点引起的人口增减，根据村镇分布规划，分阶段按迁移的时间、户数、人口（也包括自然增长数）进行计算。人口机械增长率，就是人口机械增长的速度。有年机械增长率和年平均机械增长率之分。

年平均机械增长率，就是一定年限内多年平均的机械增长率，可由若干年的年机械增长率和相应年数求出。

$$年机械增长率 = \frac{年机械增长数}{年初总人口数} \times 1000‰$$

（3）农业剩余劳动力的调查分析。农业剩余劳动力,是由于社会生产力的进步,农业劳动生产率的提高和党的正确政策引导的结果。农业剩余劳力是村镇建设和发展的劳力资源。

党的十一届全会以来,由于在农村实行了家庭联产承包责任制和生产结构的调整,提高了广大农民的生产积极性,大大解放了农村劳动力,使大批劳动力从种植业上解放出来,各地均出现大批剩余劳力,而且数量上差异很大。劳动力上的流动出现新动向,很值得我们调查和研究,这对于如何安排剩余劳动力和合理组织人口转移是十分必要的。

根据我国农村的实际,剩余劳力的出路有以下几方面:第一,各村庄就地吸收,调整种植结构,增加劳力投入,从事手工业、养殖业和加工业等;第二,外出到县城或城市,从事其他职业;第三,流动于城乡之间,从事运输贩卖等;第四,进入集镇做工、经商或从事服务业等,这部分人对集镇的人口规模预测关系重大,应予以足够重视。农业剩余劳动力的统计范围要以乡、镇为单位,以集镇为中心,在乡（镇）域范围内做好村镇体系布局,考虑村镇在某一地域中的职能和地位,以及经济影响和辐射面的大小,同时要根据近几年人口变化的特点来确定村镇吸收剩余劳动力的能力。影响人口的因素是多方面的,可变的因素特别多。我们还是要抓住主要矛盾进行调查分析,用发展的眼光,对待剩余劳动力转移的问题。

（二）村镇规划人口规模预测的方法

预测村镇规划人口规模,首先,根据乡（镇）域自然增长和机械增长两方面的因素,预测出乡（镇）域规划人口规模;然后,再根据农村经济发展和各行业部门发展的需要,分析人口移动的方向。明确哪些村镇人口要增加,增加多少,哪些村镇人口要减少,减少多少,具体预测各个村庄或集镇的规划人口规模。

（1）乡（镇）域规划总人口的预测。乡（镇）域规划总人口是乡（镇）辖区范围内所有村庄和集镇常住人口的总和。总人口的

预测计算公式如下

$$N=(1+K)^n$$

式中：N 为乡（镇）域规划总人口数（人）；

A 为乡（镇）域现状总人口数（人）；

K 为规划期内人口年平均自然增长率；

n 为规划年限；

B 为规划期内人口的机械增长数。

人口年平均自然增长，应根据当地生育情况分析人口年龄与性别构成状况予以确定。

人口的机械增长数，应根据不同地区的具体情况予以确定。对于资源、地理、建设等条件具有较大优势，经济发展较快的乡（镇），可能接纳外地人员进入本乡（镇）；对于靠近城市或工矿区，耕地较少的乡（镇），可能有部分人口进入城市或转至外地。

【例 2-1】某乡共辖 12 个村，合计现状总人口为 10925 人，年平均自然增长率为 7‰，根据当地经济发展计划，确定规划期限为 10 年。据调查该乡范围内盛产棉花。有关部门计划在规划期限内建棉纺厂和被服厂各一座，共需从外地调入职工及家属 1200 人，计算该乡的规划人口规模。

【解】$N=A(1+K)^n+B=10925×(1+7‰)^{10}+1200=12914≈12900$（人）

（2）规划人口规模的预测。集镇规划人口规模的预测，应按人口类别分别计算其自然增长、机械增长和估算发展变化（计算内容见表 2-2），然后再综合计算集镇规划人口规模。

表 2-2　集镇规划人口预测的计算内容

集镇人口类别		计算内容
常住人口	村民	计算自然增长
	居民	计算自然增长和机械增长
	集体	计算机械增长
通勤人口		计算机械增长
临时人口		估计发展变化

集镇人口的自然增长,仅计算常住人口中的村民户和居民户部分。

集镇人口的机械增长,应根据当地情况,选择下列的一种方法进行计算,或采用两三种方法计算,然后进行对比校核。

1)平均增长法。用于集镇建设项目尚不落实的情况下,估算人口发展规模。计算时应根据近年来人口增长情况进行分析,确定每年的人口增长数或增长率。

2)带眷系数法。由于企事业建设项目比较落实,规划期内人口机械增长比较稳定的情况。计算人口发展规模时应分析从业者的来源、婚育、落户等情况,以及集镇的生活环境和建设条件等因素,确定带眷人数。

3)劳力转化法。根据商品经济发展的不同进程,对全乡(镇)域的土地和劳力进行平衡,估算规划期内农业剩余劳动力的数量,考虑集镇类型、发展水平、地方优势、建设条件和政策影响等因素,确定进镇比例,推算进镇人口数量。

集镇规划人口规模预测的基本公式为

$$N=A(1+K_{自})^n+B$$

或 $N=A(1+K_{自}+K_{机})^n$

式中:N 为规划人口发展规模;

A 为现状人口数;

$K_{自}$ 为人口年平均自然增长率;

B 为规划期内人口的机械增长数;

$K_{机}$ 为人口年平均机械增长率;

n 为规划年限。

【例2-2】某集镇现有常住人口5560人,其中村民3250人,居民1570人,单身职工500人,寄宿学生240人;现有通勤人口1325人,其中定时进出集镇的职工700人,学生625人;现有临时人口750人。根据当地计划生育部门的规定,村民的年平均自然增长率为7‰,居民的年平均自然增长率为5‰。据历年来统计分析,居民的年平均机械增长率为10‰,根据当地各部门的发展计划,单身职工需增加300人,寄宿学生增加240人;定时进出集镇的职工增加300人,学生增加575人;根据预测,临时人口将增加300人。若规划年限定为10年,试计算该集镇的规划人口规模。

【解】分别计算各类规划人口规模。

村民规划人口规模 =3250×（1+7‰）…=3485（人）；
村民规划人口规模 =1570×（1+5‰+10‰）…=1822（人）；
单身职工规划人口规模 =500+300=800（人）；
寄宿学生规划人口规模 =240+240=480（人）；
定时进出集镇的职工规划人口规模 =700+300=1000（人）；
定时进出集镇的学生规划人口规模 =625+575=1200（人）；
临时人口规模 =750+300=1050（人）；
常住规划人口规模 =3485+1822+800+480=6587（人）。

集镇常住规划人口规模是确定集镇各项建设规模和标准的主要依据。其余定时进出集镇的职工和学生以及临时人口规模,则主要是在确定公共建筑规模时,应考虑这部分人口对公共建筑规模的影响。

（3）村庄规划人口规模预测。村庄人口规模预测,一般仅考虑人口的自然增长和农业剩余劳动力的转移方向两个因素。随着农业经济的发展和产业结构的调整,村庄中的农业剩余劳动力,大部分就地吸收,从事手工业、养殖业和加工业,还有部分转移到集镇上去务工经商。因此,对村庄来说,机械增长人数应是负数。故村庄的规划人口规模计算公式为

$$N=A(1+K)^n+B$$

式中：N 为村庄规划人口规模；

A 为村庄现有人口数；

K 为年平均自然增长率；

n 为规划年限；

B 为机械增长人数。

【例2-3】某村庄现有人596人,有关部门提供的年平均自然

增长率为8‰,根据经济发展,某集镇需从本村吸收剩余劳力50人,若规划期限为10年,试计算该村的规划人口规模。

【解】$N=A(1+K)^n-B=596\times(1+8‰)^{10}-50=595≈600$（人）。

（二）村镇用地规模的估算

村镇用地规模是指村镇的住宅建筑、公共建筑、生产建筑、道路交通、公用工程设施和绿化等各项建设用地的总和,一般以ha（公顷）表示。用地规模估算的目的,主要是为了在进行村镇用地选择时,能大致确定村镇规划期末需要多大的用地面积,为规划设计提供依据,以及为了在测量时明确测量区的范围。村镇准确的用地面积,须在村镇建设规划方案确定以后才能算出。

村镇规划期末用地规模估算,可以用下列公式计算

$$F=N\cdot P \tag{3-8}$$

式中：F为村镇规划期末用地面积(ha)；

N为村镇规划人口规模(人)；

P为人均建设总用地面积(m^2/人)。

公式(3—8)中,人均建设总用地面积与自然条件、村镇规模大小、人均耕地多少密切相关。因此,就全国范围来说,不可能作出统一规定,而应根据各省、市、自治区的具体情况确定。目前,全国各省、市、自治区大部分地区编制了结合本地区实际的村镇规划定额指标,对人均建设总用地面积都作了具体规定。

【例2-4】山西省某平原中心集镇,规划人口规模为6500人,据山西省村镇建设规划定额指标,平原中心集镇人均建设总用地面积为70-120m2/人,取100m2/人,求该中心集镇的用地规模。

【解】$F=N\cdot P=6500\times100=650000$（$m^2$）=65ha。

第四节　村镇用地布局规划

一、村镇规划用地的选择

村镇用地选择,是指所选择的用地在质量和数量上都能满足村镇建设要求的一项工作。从质量上说,不仅要使所选的村镇地理位置优越,适应农村管理体制和农业生产发展的要求,还应使选择的用地能够满足村镇生产、生活、交通、游憩、环境、安全等方面的要求。就数量而言,不仅要使选择的用地,在范围、大小和形状上能满足建设各级居民点的要求,还应考虑近远期相结合,留有发展用地,同时必须提高土地利用率,达到节约用地的要求。

村镇用地选择,包括村镇总体规划中新建村镇的用地选择,也包括村镇建设规划中原有村镇改建或扩建用地的选择。为叙述方便,两种情况的用地选择在此一并介绍。

（一）村镇用地选择的意义

村镇用地选择的好坏,对农业生产、运输、基建投资以及居民生活和安全都有密切的关系,是百年大计,绝对不能掉以轻心。有的地方在建设村镇时不注意用地选择,有过惨痛的教训。有的村镇建在滑坡地带,如兰州红山根下雷隆村,1904年因山体滑坡全村被埋;1983年3月7日,甘肃省东乡族自治县洒勒山发生大型滑坡,滑坡覆盖面积152万 m^2,果园乡四个村被埋。有的村镇建在河道或洪沟的低洼处,如兰州市雁滩乡北面滩村,由于村址选在低洼地点,多次受到黄河洪水袭击。1981年9月15日,黄河流量达 $5600m^3/s$,洪水超过北堤,使该村浸泡在洪水中,房屋大量倒塌,致使北面滩村有百余户人家的人无家可归。有的村镇建在矿区上面,有的建在水库淹没区或国家建设工程区内,由于地址不当,刚建起来就要重新搬迁,造成浪费。有的村镇,只考虑眼前利益而不考虑长远利益,占了良田,甚至高产田,给农业生产带来了不可弥补的损失。

在进行原有村镇改建时,有的村镇不认真研究分析本村镇建设用地现状存在的问题(例如,内部有未利用的闲散地或建筑密度过低,或用地布局不合理等),不是在如何调整、利用现有用地上下工夫,而是一味地向外扩展,盲目扩大建设用地规模,造成土地的浪费。有些村镇,由于原有用地满足不了规划发展要求,需要向外扩展,同样,由于缺乏调查研究和认真分析,在选择扩建用地时,或选择在不宜修建建筑物的地段上,或占用耕地、良田,而不利用荒地或薄地,或将安排生产建筑的扩建用地布置在住宅用地的上风和上游,或由于选择不当,使本来就狭长的村镇建设用地更加狭长,等等,致使村镇用地布局不合理。

正确地选择村镇建设用地,可使用地布局紧凑合理,少占耕地良田,降低建设费用,加快建设速度。可见,村镇用地选择工作关系重大,在村镇规划中应予以足够的重视。

(二)村镇用地选择的基本要求

1. 有利生产、方便生活

村镇用地选择,既要考虑生产,又要兼顾生活。从有利生产方面来说,要充分考虑和利用农田基本建设规划的成果,村镇的分布应当适中,使之尽量位于所经营土地的中心(有比较均匀的耕作半径)。便于生产的进行和相互间的联系;便于组织和管理,有利于提高劳动生产率。还要考虑主要生产企业的布局,有利于乡镇企业的发展,就方便生活而言,要满足人们工作、学习、购物、医疗保健、文化娱乐、体育活动、科技活动等方面的要求。

2. 便于运输

村镇用地最好靠近公路、河流及车站码头,并与农田之间有十分方便的联系。这样,有利于村镇物资交流,有利于方便农业生产,有利于提高农业机械化水平。利用现有公路、铁路、河流及其设施,有利于节约工程费用。但是,也不要让铁路、公路、河流等横穿村镇内部,以免影响村镇的卫生和安全,也减少桥梁等建筑的投资。

3. 地形适宜

村镇用地要选择在地势、地形、土壤等方面适宜建筑的地区。在平原地区选址,应避免低洼地、古河道、河滩地、沼泽地、沙丘、地震断裂带和大坑回填地带;山区和丘陵地带,应要警惕滑坡、泥石流、断层、地下溶洞、悬崖、危岩以及正在发育的山洪冲沟地段。在峡谷、险滩、淤泥地带、洪水淹没区,也不宜建设村镇。在地震烈度7度以上的地区,建筑应考虑抗震设防。

一般应尽量选择地势较高而干燥、日照条件好的地区建设村镇。要求地形最好是阳坡,坡度一般在0.4%～4%之间为宜,若小于0.4%则不利于排水,大于4%又不利于建筑、管道网的布置和交通运输。

4. 水源充足

水源是选择村镇用地的重要条件。只有接近和具有充足的水源,才能建设村镇,保证生产、生活用水的需要。因此,村镇应选择接近江河、湖泊、泉水或有地下水源的地方。选择村镇用地的地下水位,应低于冻结深度,低于建筑物基础的砌筑深度。

5. 环境适宜

村镇用地应尽可能选在依山傍水、自然风景优美的地区。如有条件,最好能与名胜古迹结合起来,为发展旅游事业创造条件。但不要把村镇选在两山间的风口或山洪易于泛滥的地方,不要把村镇安排在有污染的工厂的下风、下游地带,以免遭受自然灾害和三废污染的威胁。

另外,不要在有克山病、大脖子病、麻风病的地区选址新建村镇,以尽量避免地方病的蔓延。

6. 不占良田

我国耕地越来越少，不占良田是一个重要原则。因此，在选择村镇用地时要尽量利用宜于建筑的荒山、荒坡、瘠地、低产地。尽量做到不占良田，少占耕地。

7. 节约用地

村镇建设用地一定要按照当地规定的各项指标执行，不要滥占、不要多占，村镇用地应尽可能集中紧凑，避免分散布局。有条件的地方，可适当提高建筑层数；适当合并分散村落，达到节约用地的目的。

8. 留有余地

村镇用地选择应在不占良田、节约用地的前提下，留有村镇发展的余地。做到远近期结合，以近期为主。一方面妥善地解决好当前村镇的建设问题，处理好近期建设；另一方面，又要适应发展的需要，解决好远期发展用地。

9. 便于管理

村镇用地要依据我国现行的行政管理体制，选择集镇、中心村、基层村三级村镇用地。有条件的地方，村镇用地应尽可能集中布局，有利于加强管理，有利于建设新型的社会主义现代化的新村镇。

二、村镇规划用地的功能

村镇的功能分区（或叫用地的功能组织），就是把整个居民点用地，按其性质、功能的不同划分为不同的部分，并决定它们的相互位置，使它们之间有机地结合起来，更好地为生活、生产服务。功能分区有利于其内部的互相联系，有利于共同利用各项公用设施，并可避免不同功能区之间相互干扰和影响。

较小的村镇一般都分为两大部分：即生产区和生活区。在生活区内配置住宅和各种公共建筑;生产区配置各种生产设施和建筑,进行固定性生产,如各类畜舍、仓库、农机站、工副业厂房等。

有的村镇规模较大,公共建筑项目较多,除上述两区以外,还常常单独设置公共建筑区,把办公机构、商店、服务、医疗、文娱、金融等建筑都集中配置在公共建筑区里。此区一般设置在居民点的中心部位,是居民点的政治、生活服务的中心,也称"公共中心"。

村镇用地的功能组织应当遵循下列原则:

(一)有利生产

村镇功能分区首先应当考虑居民点周围各种用地的关系,务使生产区与农用地之间有方便的联系。为此,总是把生产区设在靠近主要农田的一边(或靠近工厂原料来源的一边)。

生产区与生活区之间联系频繁,两者布置要方便紧凑(同时要合乎卫生及防火要求)。为缩短道路网,常将生产区与生活区采用长边相接的方式。生产区内各生产地段的布置,应有利于生产过程中的协作关系和综合利用各种工程、动力设备。因此,应避免各生产地段在居民点内过分分散。各功能地区的用地外形应力求整齐(山区除外),以使整个居民点用地的周边外形规整,有利于相接壤的田地规整,适于机耕作业,并为各功能地区内部的规划创造有利条件。

(二)方便生活,有利卫生、防火及安全

功能分区时,既要考虑居民到生产区劳动的方便,又要考虑居民对各种公共建筑物——如商业服务、文化卫生等建筑的使用方便。因此,通常把大部分的公共建筑,尽可能地集中布置于生活区适中部位,形成一个服务半径合理且较繁华的公共中心。同时,生活区与生产区之间还应有一定的有效隔离,以使生活区不受生产区排出的废水、异味、烟尘、噪声等的污染和干扰。因此,规划应很好地考虑地形、全年主导风向、河流流向等对功能分区的影响。

（三）有利形成优美的景观风貌和地方特色

功能分区时就应考虑到建成后道路广场、建筑空间及绿化之间的协调、互衬关系，注意对名胜古迹和优秀传统民居的保护。

三、村镇公共设施的规划

村镇总体规划中，除了村镇的分布规划和确定村镇的性质及规模外，还包括主要公共建筑的配置规划，主要生产企业的安排，村镇之间的交通、电力、电信、给水、排水工程设施等项规划。这些都是村镇总体规划的重要组成部分。

村镇主要公共建筑的配置规划，主要是解决乡（镇）域范围内规模较大、占地较多的主要公共建筑的合理分布问题。在一个乡（镇）域范围内，村镇的数量较多，而且规模大小、所处的位置以及重要程度等都不一样，人们不像城市人口那样集中居住，而是分散居住在各个居民点里，这是由农业生产特点所决定的。因此，不必要也不可能在每个村镇都自成系统地配置和建设齐全、成套的公共建筑，特别是一些主要的公共建筑，要有计划地配置和合理地分布。既要做到使用方便，适应村镇分散的特点，又要尽量达到充分利用、便于经营管理的目的。

村镇公共建筑的配置和分布，要结合当地经济状况、公共建筑状况，从实际出发，要注意避免下列偏向：一是配置公共建筑项目求全，规模偏大，标准偏高；二是不先建广大农民急需的一些生活服务设施，而是花费大量资金、材料、劳力先建办公楼、大礼堂等大型公共建筑；三是有些村镇，建了不少新的住房，但对农民生活必需的服务设施，没有很好安排。农民虽然住进了新房，改善了居住条件，由于缺乏必需的生活福利设施，生活仍然很不方便。

村镇总体规划中,进行主要公共建筑的配置规划,就可以指导各村镇的建设,使各村镇的公共建筑能够科学、合理地分布,避免盲目性。凡是为全乡(镇)域服务的公共建筑和规模较大的公共建筑均属于主要公共建筑。主要公共建筑在配置和分布时,要考虑下面几个因素:

(1)根据村镇的层次与规模,按表2-3的规定,分级配置作用和规模不同的公共建筑;

(2)结合村镇体系布局考虑,公共建筑应安排在有发展前途的村镇,对某些从长远看没有发展前途,甚至会被逐步淘汰的村庄,近期就不应安排公共建筑;

(3)充分利用原有的公共建筑,逐步建设,不断完善。

我国村镇建设,绝大多数是在原有村庄或集镇的基础上进行改建或扩建的。这些村镇,一般都兴建了一些公共建筑,应当充分利用,不要轻易拆除。确实需要新建的项目,也要区别不同要求,在标准上有所区别。例如托幼建筑、学校建筑,为使儿童和青少年健康成长,提高教学质量,应很好地规划设计,在建筑标准上也可以适当高于其他的建筑。

公共建筑要随着生产的发展和生活水平的提高逐步建设,逐步完善。那种求新过急的做法,不仅脱离我国当前的实际,而且也脱离群众。在主要公共建筑的建设顺序上,要根据当地的财力、物力等情况,对哪些项目需要先建,哪些可以缓建,作出统一安排。吉林省永吉县阿拉底的村庄建设,首先抓了三项与农民生活息息相关的卫生所、学校和供销店的建设,抓重点选择,随着今后经济发展逐步完善,这种方法,值得参考。

公共设施按其使用性质分为行政管理、教育机构、文体科技、医疗保健、商业金融和集贸市场六类,其项目的配置应符合表2-1的规定。

第二章 村镇总体规划

表2-3 公共设施项目配置

类别	项目	中心镇	一般镇
一、行政管理	1. 党政、团体机构	●	●
	2. 法庭	○	
	3. 各专项管理机构	●	●
	4. 居委会	●	●
二、教育机构	5. 专科院校		○
	6. 职业学校、成人教育及培训机构	○	
	7. 高级中学	●	○
	8. 初级中学	●	●
	9. 小学	●	●
	10. 幼儿园、托儿所	●	●
三、文体科技	11. 文化站（室）、青少年及老年之家	●	●
	12. 体育场馆	●	○
	13. 科技站	●	○
	14. 图书馆、展览馆、博物馆	●	○
	15. 影剧院、游乐健身场	●	○
	16. 广播电视台(站)	●	○
四、医疗保健	17. 计划生育站(组)	●	●
	18. 防疫站、卫生监督站	●	●
	19. 医院、卫生院、保健站	●	○
	20. 休疗养院	○	
	21. 专科诊所	○	○

续表

类别	项目	中心镇	一般镇
五、商业金融	22. 百货店、食品店、超市	●	●
	23. 生产资料、建材、日杂商店	●	●
	24. 粮油店	●	●
	25. 药店	●	●
	26. 燃料店(站)	●	●
	27. 文化用品店	●	●
	28. 书店	●	●
	29. 综合商店	●	●
	30. 宾馆、旅店	●	○
	31. 饭店、饮食店、茶馆	●	●
	32. 理发馆、浴室、照相馆	●	●
	33. 综合服务站	●	●
	34. 银行、信用社、保险机构	●	○
六、集贸市场	35. 百货市场	●	●
	36. 蔬菜、果品、副食市场	●	●
	37. 粮油、土特产、畜、禽、水产市场	根据镇的特点和发展需要设置	
	38. 燃料、建材家具、生产资料市场		
	39. 其他专业市场		

注：

①表中●——应设的项目；○——可设的项目。

②公共设施的用地占建设用地的比例应符合相关标准。

③教育和医疗保健机构必须独立选址，其他公共设施宜相对集中布置，形成公共活动中心。

第二章 村镇总体规划

④学校、幼儿园、托儿所的用地,应设在阳光充足、环境安静、远离污染和不危及学生、儿童安全的地段,距离铁路干线应大于300m,主要入口不应开向公路。

⑤医院、卫生院、防疫站的选址,应方便使用和避开人流和车流量大的地段,并应满足突发灾害事件的应急要求。

⑥集贸市场用地应综合考虑交通、环境与节约用地等因素进行布置,并应符合下列规定:

a.集贸市场用地的选址应有利于人流和商品的集散,并不得占用公路、主要干路、车站、码头、桥头等交通量大的地段;不应布置在文体、教育、医疗机构等人员密集场所的出入口附近和妨碍消防车辆通行的地段;影响镇容环境和易燃易爆的商品市场,应设在集镇的边缘,并应符合卫生、安全防护的要求。

b.集贸市场用地的面积应按平集规模确定,并应安排好大集时临时占用的场地,休集时应考虑设施和用地的综合利用。

四、乡镇企业用地的规划

随着农村经济的发展和产业结构的调整,出现了各种类型的生产性建筑。为了避免盲目建设和重复建设所造成的浪费,必须在总体规划中,根据当地自然资源、劳力、技术条件、产供销关系等因素,在全乡(镇)范围内合理布点,统筹安排其项目和规模。

村镇各类生产性建筑。有的可以布置在村镇中的生产建筑用地内,有些则由于其生产特点和对村镇环境有较严重的污染,必须离开村镇安排在适于生产要求的独立地段上。这就是我们所指的主要生产企业的安排。安排这类生产企业的一般原则是:

(1)就地取材的一些工副业项目,如砖瓦厂、采矿厂、采石厂、砂厂等,需要靠近原料产地安排相应的生产性建筑和工程设施,以减少产品的往返运输;

(2)对居住环境有严重污染的项目,如化肥厂、水泥厂、铸造厂、农药厂等,应远离村镇,设在村镇的下风、下游地带,选择适当的独立地段安排建设;

(3)生产本身有特殊要求,不宜设在村镇内部的,如大中型的养鸡场、养猪场等,除了污染环境外,其本身还要求有较高的防疫条件,必须设立在通风、排水条件良好的独立地段上,宜在村镇盛行风向的侧风位,与村镇保持必要的防护距离。这些饲养场也可设于田间适当地段,便于就地制肥、就近施肥。

这些生产企业地段,可以看作是没有农民家庭生活要求的"村镇",应与一般村镇同时进行统筹安排,纳入到村镇总体规划中。

生产企业用地的选择,除了首先要满足各类专业生产的要求外,还要分析用地的建设条件。包括用地的工程地质条件,道路交通运输条件,给水、排水、电力及热力供应条件等。

至于现有的生产企业,应在总体规划中作为现状统一考虑。对那些适应生产要求而又不影响环境的,可以考虑扩建或增建新项目。对那些有严重影响而又靠近村镇的生产企业,应在总体规划中加以统一调整或采取技术措施给予解决。

五、村镇道路交通的规划

在村镇总体规划中,当确定了村镇和各类主要生产企业的位置后,就要进行村镇间的道路交通规划,把分散的村镇和主要生产企业相互联系起来,形成有机的整体。村镇间道路交通规划,主要是指村镇间的道路联系,在南方水网地区还包括水路运输,目的是解决村镇之间的货流和客流的运输问题。其规划要点是:

(1)规划方便畅通的乡(镇)域道路系统,使村镇之间、村镇与各生产企业之间有方便的联系,并考虑安排好与对外交通运输系统有较好的连接,以便使各村镇和生产企业对外也有较方便的联系。联系村镇之间的道路属于公路范围,沟通县、乡、村等的支线公路属于四级公路,应按《公路工程技术标准》(JTG B01—2003)的规定进行设计;

(2)在有铁路、公路和水路运输各项设施的村镇,要考虑客流和货流都有较方便的联运条件,但要注意尽量避免铁路和公路穿越村镇内部,已经穿越村镇的,要结合规划尽早移出村镇或沿村镇边缘绕行,并注意安排好火车站、汽车站的位置。具有水路运输条件的村镇,要合理布置码头、渡口、桥梁的位置,并与道路系统密切联系；

（3）道路的走向和线形设计要结合地形,尽量减少土石方工程量；

（4）充分利用现有的道路、水路及其车站、码头、渡口等设施；

（5）结合农田基本建设、农田防护林、机耕路、灌排渠道等,布置道路系统,做到灌、排、路、林、田相结合；

（6）乡（镇）域内村镇之间的道路宽度,应视村镇的层次和规模来确定。一般乡（镇）之间的道路宽度为 10～12m,由乡（镇）至中心村的道路宽度为 7～9m,中心村至基层村的道路宽度为 5～6m。

（7）道路路面设计,要考虑行驶履带式农机具对路面的影响。

六、村镇电力、电信工程规划

随着农村经济的繁荣和村镇建设的发展以及农民生活水平的不断提高,农村对电力、电信工程设施的要求也日益提高。为此,需要从全乡（镇）范围统一考虑。这也是村镇总体规划的内容之一。通过规划使电力、电信工程的各项设施（变电站、变电所、变压器、配电室、供电线路、电信局、电信线路等）合理布局,线路最短,工程费用最省,保证各村镇和生产企业在电力供应上达到安全可靠；在电讯联系上迅速、准确,做到村村通电、村村有电话,形成乡（镇）域范围内的电力、电信网。

（一）电力工程设施规划

1. 电力工程设施规划的基本要求和内容

（1）基本要求。

1）满足各部门用电增长的要求。

2）满足用户对供电可靠性和电能质量的要求,特别是电压的要求。

3）要节约投资和运营费用,减少主要设备和材料消耗,达到经济合理的要求。

4）考虑近远期相结合,以近期为主,并要考虑发展的可能。

5）要便于规划的实施,过渡方便。

总之,要根据国家计划和电力用户的要求,按照国家规定的方针政策,因地制宜地实现电气化的远景规划,做到技术先进、经济合理、安全适用、运行管理便利、操作维修方便等要求。

（2）电力工程设施规划的内容。

1）预测乡（镇）域供电负荷。

2）确定电源和供电电压。

3）布置供电线路。

4）配置供电设施。

2. 电力工程设施规划的基础资料

（1）区域动力资源。即所在地区水利资源、水力发电的可能性以及热能开发的情况。

（2）所在地区电力网的资料。电力网布置图、电压等级、变电站的位置及容量。还要了解当地电力局的有关规定,如计费方式、功率因数的要求、继电保护的时限等级等。

（3）电源资料。现有的及计划的电厂、发电量、存在问题,最近几年最高发电负荷、日负荷曲线、逐月负荷变化曲线。

（4）电力负荷情况：

1）工业交通方面。各单位原有及近期增长的用电量、最大负荷、需要电压,对供电可靠性及质量的要求。

2）农业用电方面。原有及近期增长的用电量、最大负荷、电压等级,对供电可靠性及质量的要求。

3）生活及公共用电方面。居民及公共建筑的用电标准,路灯、广场照明用电量,排水及公共交通用电量,变电所及配电所的位置。

（5）与供电有关的自然资料、气候资料、雷电日数。应向附近气象局搜集当地绝对最高、最低温度,年最高平均温度,在0.8m

深土壤中的年最高平均温度,冻土层的深度,主导风向,年最大风速,10年一遇的特大风速,雷电日及附近雷害情况;对于山区,要注意搜集所在地区的小区气候,多向当地居民调查了解。

(6)地质状况。了解土壤结构,以便确定土壤的电阻率;了解规划区域内是否有断层,以避免电缆跨越断层;了解地震情况及其烈度,以便考虑电气设备安装是否需要采取防震措施。

(7)输电线路主要规范,导线型号,截面,线路长度,电阻,电容,输电线路升压及改进可能性的资料,变电所扩建可能性资料。

(8)现有系统中曾发生的严重事故及其原因。

(9)供电系统的远景发展资料。

3. 确定变电站容量的电力负荷计算

村镇建设和发展需要多少能源,必须通过规划中各项建设的需要进行负荷估算,方能研究和确定电力的来源和供电线路的布置。

(1)影响电力负荷的因素

1)供电站规划区域内机械化、电气化水平越高,负荷越大。

2)公共设施越完善,居民物质文化水平越高,负荷越大。

3)气候条件不同负荷也有不同。

4)最大负荷的时间上分布不平衡,有的负荷白天有,晚上没有;有的晚上有,白天没有。

(2)村镇电力负荷的特点。

1)季节性强。农村的电力负荷绝大部分集中在夏、秋两季,且受气候条件的影响,高峰负荷出现的时间经常变化。这种电力负荷由于季节性强,给电源容量的选择、电网运行和供电方式都带来影响。

2)地区性。各地气候条件、地理情况和耕作方式都有明显区别,即使在同一地区,因自然条件不同,其电力负荷计算也往往不同。如排灌负荷,相同的排灌面积,平原地区与丘陵地区所要求的也不一样。

3）功率因数低。村镇电力设备主要为容量小、转速低的感应电机,一般也没有安装无功补偿设备,因此功率因数一般在0.6~0.7之间,在个别地区,功率因数甚至低至0.4~0.5。这是造成村镇电力网电能损耗大的主要原因之一。

4）利用时数少。一般农村综合年最大负荷小时约为1500~2000h(年最大负荷利用小时,指年用电量和最高负荷的比值),农村的电气设备利用率低。

（3）乡（镇）域供电负荷预测。乡（镇）域供电负荷的统计是确定变电站容量的依据,一般包括生活用电、农业用电、乡（镇）企业用电。乡（镇）域供电负荷预测,可按以下标准:

1）生活用电负荷为:1kW/户;

2）农业用电负荷为:15W/亩;

3）乡镇企业用电负荷为:重工业万元产值为3000~4000kW/h;轻工业万元产值为1200~1600kW/h。

将上述所有用户在相同时间里的负荷相加,可绘出负荷曲线图。冬季负荷曲线中的最大值就是发电厂或变电所的最大负荷。

4. 电源的选择及线路的布置原则

目前,村镇供电方式主要有:自建小水电站、风力发电、小火力发电及国家电网供电。在供电方式选择时,应在能源调查的基础上,通过技术经济比较,选择经济合理的方案。

（1）不同电源的供电特点。

1）小型水电站供电。在村镇附近蕴藏着一定水力资源,通过上级水利部门允许开发就可以进行规划。建立小水坝,形成足够的水头和流量就可以发电,管理简便、生产人员少、成本低,但受季节的影响,且枯水期限制负荷。

2）小火力发电厂供电。适宜于附近燃料、水资源充足,运输方便的村镇。有供电附近能源不受季节影响等优点,但成本高,运输管理复杂。

3）区域电力系统供电。村镇电源大多是由区域电力网引入到变电所，由高压降为低压，分配到用户。供电可靠，不受季节影响，投资少。

（2）变电所位置的选择。变电所位置的确定，与总体规划有密切的关系，应在电力工程设施规划时加以解决。

变电所有屋外式、屋内式和地下式、移动式等，变电所的位置应考虑下面一些问题：

1）接近负荷中心或网络中心；

2）便于各级电压线路的引入或引出，进出线走廊要与变电所位置同时决定；

3）变电所用地应不占或少占农田，地质条件较好；

4）不受洪水浸淹，枢纽变电所应建在百年一遇洪水位之上；

5）工业企业的变电所位置不要妨碍工厂的发展；

6）临近公路或村镇道路，但应与之有一定的距离；

7）区域性变电所不宜设在村镇内。

变电所的用地面积根据电压等级、主变压器的容量及台数、出线回路、数目多少而不同，小的占地 50m×40m；大的占地 25m×200m。

变电所合理的供电半径见表 2-4。

表 2-4 变电所合理的供电半径

变电所合理等级 /kV	变电所二次测电压 /kV	合理供电半径 /km
35	6.10	5～10
110	35，6.10	15～20

送配电线路的电压，按国家规定分为高压、中压、低压三种网络。根据负荷大小及负荷密度来确定。低电压网络直接供电给用户，一般来说采用 380/220V 系统；中压的标准电压有 3kV、6kV、10kV 三种，应根据现状使用情况作技术经济比较后确定；高压标准电压有 35kV、110kV、220kV 等。高压网络一般不进入村镇内部。

（3）供电线路布置原则。

1）按村镇规划的用电点,选取路线长度较短的方案。要求自变电所始端到用电处末端的累积电压损失,不应超过10%。

2）尽量选取短捷、转角少、角度小、特殊跨越少、施工方便的路径。

3）线路尽量少占或不占耕地,不占良田,避免跨越房屋建筑。

4）线路架设要兼顾交通方便,尽量接近现有道路或通航的河流。

5）线路不应跨越易燃材料顶盖的建筑物,避开不良地质、长期积水和经常爆破作业的地方,最好能离开人流集中的公共建筑物。在山区应尽量沿起伏平缓的地形或偏低的地段通过。

（4）高压架空线路的布置。高压线导线一般为裸导线,当高压线接近村镇或跨越公路、铁路时,应根据电力部门的规定采取必要的安全预防措施。不同电压的架空线路与建筑物、地面以及其他工程线路、河流之间的最小水平及垂直距离按有关规定确定。

高压线走廊应架设在宽敞且没有建筑物的地段上,其宽度根据具体情况确定,考虑倒杆的危险,一般以大于杆高的两倍为准;如果高压线走廊必须从有建筑物的地段经过时,其宽度则只能从安全距离的角度考虑,而不考虑倒杆的情况。

确定高压线走向的一般原则：

1）线路短捷,节省投资；

2）保证安全,符合实际情况；

3）线路经过有建筑物的地段时,尽可能少拆房屋；

4）尽量避免穿过村镇建设用地；

5）尽量减少与铁路、公路、河流以及其他工程管线交叉；

6）高压线走廊不应设在洪水淹没区、河水冲刷和空气污浊的地段。

（二）电信工程规划

村镇电信工程包括有线电话、广播等，工程设施的主要部分由专业部门规划设计，但在村镇规划中应统一进行线路布置。

1. 有线电话线路的布置

（1）线路尽量做到"近、平、直"。

（2）避开有可能发生洪水淹没、河岸坍塌、土坡塌方等危害的地段，以及有严重污染的地段。

（3）便于架设和沿路视察检修。

（4）电话线属于弱电线路，易受周围环境的影响，应避开电力线、广播线、铁路和主干公路的干扰。电话线路与铁路、公路平行架设时，间隔距离应尽可能大于20m；与广播线路交叉时，尽可能采用十字交越，交越时不应小于45°，两导线的垂直距离不应小于0.6m；与长途电话线平行时，间隔应大于8m，交叉时电话线在下方通过，交叉角大于30°。

（5）在村镇内可采用通信电缆，或用钢索沿着电力线路明敷。

（6）一般架设在道路的西侧和北侧。

电信线路与其他物体的间距标准见表2-5。

表2-5　电信线路与其他物体的间距标准

项目	间距说明		最小间隔/m
1	线路离地面的最小距离	一般地区	3
		在市区（人行道上）	4.5
2	线路经过树林时，导线与树的距离	在高产作物地区	3.5
		在城市，水平距离	1.25
3	线路跨越房屋时，线路距房顶的高度	在城市，垂直距离	1.5
		在郊外	2.0
4	线路跨越道路时，与路面的距离	跨越公路、乡村路、市区马路	5.5
		跨越胡同（里弄）土路	5

续表

项目	间距说明		最小间隔/m
5	跨越铁路,导线与轨面的距离		7.5
6	两条电信线路交叉,两导线的最小间距		0.6
7	电信线路穿越电力线路时,应在电力线下方通过,两级间的最小距离	架空电力线路额定电压 1～10kV	2（4）
		20～110kV	3（5）
		154～220kV	4（6）
8	电杆位于铁路旁时,与轨道的间距		13h（h为杆高）

注：表内括号中的数字是在电力线路无防雷保护装置时的最小距离。

2. 有线广播线路的规划

将广播站扩音机放大后的音频电流,经导线及变压器设备,送到用户的扬声器上播发出来,这套设备被称为有线广播网。它的线路由馈送线(干线)和用户线(支线)两部分组成。

广播线路根据村镇人口情况及扬声器的多少,按每条馈送线负荷的基本平衡原则,结合地形进行线路规划,线路规划的原则与有线电话的布置基本相同。用户线可以集中在馈送线的终端,也可以分布在沿途的几个点上。线路与其他工程线路接近时,应按有关规定处理。

七、村镇给、排水工程规划

改善村镇的供水条件和排水状况,是建设现代化村镇的重要任务。以往在进行村镇供水、排水工程设施规划时,由缺乏村镇体系观点,没有从全乡(镇)范围统筹安排,"就村论村、就镇论镇",仅在村镇建设规划时考虑,局限在本村或本镇自成系统独立进行规划,形成"各自为政",出现一个村一个水厂、水厂分散和规模小等情况,造成制水成本高、工程投资大、水质难以保证等弊病。例如,广东省中山市东风镇永益村水厂,日供水量960m^3,总投资 43.3 万元,每立方米供水投资 451 元,而中山市某水厂,日供水量 20 万 m^3,虽然总投资 3830 万元,而每立方米供水量投资仅 191.5 元,而且可以满足 5 个镇 18 万人和中山市一部分居民饮用。由此可见,有必要从全局出发,结合村镇体系布局、水源等条件,对给排水设施进行合理规划。排水工程设施规划,也不能孤立进行,也应在全乡(镇)范围内,结合当地河流规划和农田水利规划进行。

(一)供水工程设施规划

供水工程设施规划应注意下列几个问题:

1. 选择水源

水源选择的主要原则是水量充沛,水质好,取水方便,便于卫生防护。水源可分为地面水和地下水两大类。选择水源时,要根据当地具体情况来确定是选用地面水还是地下水为水源。

通常优先选用地下水,因为地下水易防护,不易被污染,可以就近取水,一般不需要处理或简单处理即可。在地下水源缺乏、水质不良的地区,可选用地面水为水源。淡水资源缺乏的地区,可修建蓄水构筑物(如水窖或水柜等)收集降水,作为水源。城市近郊的村镇,可以由城市水厂直接供水。

2. 选择合适的供水方式

由于各地的自然条件、地形、村镇分布和规模不一,所以不同地区应采用不同的供水方式。对规模不大、彼此毗邻的村镇,可选择联片集中供水的方式,即将若干个村联合在一起建一个给水系统,根据一些省、市的经验,联片供水的半径以 1.5～2.5km 为宜。其优点是水源水量和水质有保证,节约基建投资,占地面积小,便于管理等。对规模较大、彼此距离较远的村镇,则不宜采用集中供水的方式,而应采用单村(镇)独立的供水方式。在缺水地区,可采用以户为单位建水柜或水窖的分散方式供水。

3. 水厂厂址的选择和输水管道的布置

水厂厂址选择应根据就近取水、就近供水、地质条件好、不受洪水威胁、节约用地、便于卫生防护、交通方便、靠近电源等原则选择水厂厂址。

对于联片集中供水方式的水厂厂址,应根据供水范围内村镇的规模、分布情况,选择在适中位置,并尽量接近用水量大的村镇,以减少管道工程的费用。

对于单村(镇)独立供水方式的水厂厂址,应尽量靠近村镇布置。若选用河流为水源时,水厂应位于村镇的上游;若选用地下水为水源时,要注意地下水的流向,水厂也应选在村镇的上游,以便于卫生防护。

输水管道的布置,在村镇总体规划中,只考虑联片集中供水系统输水管道的走向问题。即若干个村镇集中用一个水厂供水时,需规划布置好通往各个村镇的输水管道。规划布置时,可根据供水范围内村镇分布情况,尽量做到线路最短、土石方工程量最小,不占或少占农田。有条件时,输水管道最好沿道路铺设,便于施工和维修。

对单村(镇)独立供水系统的输水管道规划布置问题,因其供水系统只供本村或本镇使用,输水管道和配水管道网规划布置应在建设规划中进行。

(二)排水工程设施规划

排水工程设施规划应注意以下问题:

1. 工程设施规划应与当地的河流规划和农田水利规划相结合

根据居民点的分布情况,决定集中还是分散排入河流或灌排渠道;根据污水性质和数量,决定是否需要污水处理工程。排水管网布置应结合地形条件合理布置,尽量采用自流管网,避免加压管道,节约投资及管理费用。

总之,要考虑污水的出路,特别是对于一些排出有毒废水的乡镇企业(如电镀等)。应予以重视,妥善处理,防止对水源的污染。

2. 排水制度的选择

根据当地地形条件、污水性质、污水量、降雨量及经济状况等,决定采用雨污分流制还是合流制。有条件的地区,尽量采用雨污分流制。

3. 污水处理方式的选择

污水处理是一个复杂的过程,在城市一般是修建污水处理厂,但由于投资太大,对广大农村来说就不现实。因此,污水处理应考虑农村的实际,采用符合农村特点的经济、实用的处理方式。比较经济、实用的处理方式有以下几种:

(1)氧化塘。氧化塘就是利用天然池塘或经过人工修整的池塘处理污水的构筑物,具有构造简单、基建投资低、易于维护管理等优点。农村大多数都有坑塘洼地可利用,因此有条件的地方,应尽量考虑采用。

(2)污水灌溉。利用污水灌溉农田,不仅给农作物提供水和肥,同时污水也得到一定程度的处理,故又称土地处理法。用生活污水灌溉农田,污水需经过沉淀处理,其水质就能满足需要;对于工业废水,要严格控制其水质,否则将会引起不良后果。

(3)沼气池。利用有机物含量高的生活污水和乡镇企业产生的废水(如屠宰、酿酒等废水)和人畜粪便、作物秸秆等作原料,制取沼气,不仅可以为农村提供新能源,又可"消化"污水,一举多得。有条件的村镇,集中修建公共沼气池,可以集中处理污水。

(4)污水养殖。利用坑塘、洼地,采用污水养殖鱼类、水禽及其他水生生物,也是污水净化并能综合利用的一种途径。同样,用于养殖的污水,也需要经过预先处理。

八、村镇环境保护规划

环境是人类赖以生存的基本条件,是发展农业、渔业、牧业和工副业生产,繁荣经济的物质源泉。

长期以来,由于对环境问题缺乏足够的认识,以致对环境的保护工作得不到应有的重视。我国各地环境的污染、自然环境和生态平衡遭到破坏,已影响居民的生活,妨碍生产建设,成为国民经济的一个突出问题。

(一)环境与环境污染

(1)环境是指大气、水、土地、矿藏、森林、草原、野生动植物、水生植物、名胜古迹、风景旅游区、温泉、疗养区、自然保护区、生活居住区等。从广义而言,环境是人们周围一切事物、状态、情况三方面的客观存在。也可以说,环境就是由若干自然因素和人工因素有机构成的,并与生存在内的人类互相作用的物质空间。

村镇环境中所谓的"环境",一般认为包括两个部分:一为自然环境,人类的生存与发展离不开周围的大气、水、土壤、动植物以及各种矿物资源,自然环境就是指围绕着我们周围的各种自然因素的总和,它是由大气圈、水圈、岩石圈和生物圈等组成;二是人为环境(社会环境),即人类社会为了不断提高自己的物质和文化生活而创造的环境,如村镇、房屋、工业、交通、娱乐场所、仓库等,它是人类社会的经济活动和文化活动创造的环境。

(2)环境污染。城镇环境污染是多方面的,内容与形式也较为广泛。受污染领域有大气污染、水体污染和土壤污染三个主要部分;污染物作用的性质可分为物理性的(光、声、热、辐射等)、化学性的(有机物和无机物等)、生物性的(霉素、病菌等)三类;污染的主要形式有大气污染、水体污染、固体废弃物污染、土壤污染和噪声污染等。

(3)环境污染的原因。造成村镇环境污染的原因很多,综合起来大体有以下几个方面:

1)缺乏统筹规划,乡镇工副业在发展项目的选择上往往带有盲目性和随意性,这就是什么项目来钱快、利润高或者花费劳动力少,就发展什么项目,管它污染是否严重,只要能够办到的,都愿意干。尤其是一些污染严重,在城市中发展比较困难,为扩大生产,增加产品产量,要求乡镇为其加工或生产部分零配件等的工业项目较为普遍;

2)缺乏整体观念,村镇用地布局不够合理。不少有污染的工副业随意布点,有的占用民房,布置在住宅建筑用地内,也有的布置在村镇主导风向的上风位,有的甚至布置在水源地的附近;

3)缺乏环境保护知识和治理环境污染的技术力量。一般说来,乡镇工副业规模比较小,设备较差,技术力量薄弱,管理也不善,所排放的废气、废水、废渣中有害物质含量比较高,毒性比较大,加之缺乏环境保护知识,不知道污染工厂排出的废物的严重危害性;有的就是知道,也因增加污染物处理设备后,会提高产品成本,降低利润,影响经济收入而不采取任何有效措施。

另外,农业生产上使用化肥、农药及某些农畜产品加工和生活废水污染水体。还有部分农畜产品在水体中作业加工,往往造成水体变色发臭;也有一些卫生院的含菌废水、废物不经过处理,倾倒或排入河塘水体;再加上人畜粪便管理不严,任意在河塘、水井旁倒洗马桶等,造成水库污染日益严重。

(二)环境保护的原则要求

(1)全面规划,合理布局。对村镇各项建设用地进行统一规划,无论是城市搬迁到乡镇的工业,还是本地的工副业,必须根据本地区的自然条件和具体情况进行合理布点,应尽量缩小或消除其污染影响范围。特别要注意污染工副业和禽畜饲养场切忌布置在村镇水源地附近或居民稠密区内,并且要设在村镇主导风向的下风或侧风位和河流的下游处,并与住宅建筑用地保持一定的卫生防护距离。个别工业或饲养场也可离开村镇,安排在原料产地附近或田间。医院位置要设在住宅建筑用地的下风位,远离水源地,以防止病菌污染。

(2)对已经造成污染的厂(场),必须尽快采取治理或调整措施。对确实不宜在原地继续生产,污染严重,治理又比较困难的应坚决下马或者停产；对其他有污染的厂（场）要分类排队，按轻重缓急、难易程度、资金的可能，制定分期分批进行治理的规划方案。

（3）必须认真做好村镇水源、水源地的保护工作。

（4）搞好村镇绿化，充分发挥其对环境的保护作用。

（三）村镇环境保护的一些具体措施

（1）村镇中一切有害物排放的单位（包括工厂、卫生院、屠宰场、饲养场、兽医站等），必须遵守有关环境保护的法规及"三废"排放标准的规定。

（2）在乡村，要积极提倡文明生产，加强对农药、化肥的统一管理，以防事故发生。同时，要遵守农药使用安全规定，加强劳动保护。

（3）改善生活用水条件，凡是有条件的地方，都应积极使用符合水质要求的自来水。

（4）改善居住，搞好绿化，讲究卫生，做到人畜分开。有条件的村镇要积极推广沼气，减少煤、柴灶的烟尘污染。

（5）加强粪便的管理，要结合当地生产习惯，进行粪便无害化处理；同时要妥善安排粪便和垃圾处理场地，将其布置在农田的独立地段上，搞好村镇卫生。

（6）村镇内的湖塘沟渠要进行疏通整治，以利排水。对死水坑要填垫平整，防止蚊蝇孳生。

（7）积极开展环境保护和"三废"治理科学知识的宣传普及工作，为保护村镇环境做出贡献。

九、村镇防灾工程规划

村镇防灾减灾规划应根据县域或地区规划的统一部署进行规划。村镇防灾减灾规划包含消防、防洪、抗震防灾等。

（一）村镇消防规划

村镇消防规划主要包含消防站、消防给水、消防通道、消防通讯、消防装备等公共消防设施，并应符合现行国家标准《建筑设计防火规范》（GBJ 50016—2006）的有关规定。

1. 消防站规划

（1）消防站用地选择。消防站规划时，在其用地的选择上应符合下列规定：

1）现状中影响消防安全的工厂、仓库、堆场和道路设施必须限期迁移或进行改造，耐火等级低的建筑密集区，应开辟防火隔离带和消防车通道，增设消防水源等；

2）生产和存储易燃、易爆物品的工厂、仓库、堆场等设施，应安置在村镇边缘或相对独立的安全地带，宜靠近消防水源，并应符合消防通道的设置要求；

3）生产和储存易燃、易爆物品的工厂、仓库、堆场以及燃油、燃气供应站等与住宅、医疗、教育、集会场所、集贸市场等之间的防火间距不得小于50m；

4）村镇打谷场应布置在村镇边缘，每处的面积不宜小于2000㎡；打谷场之间及其与建筑物之间的间距，不应小于25m。打谷场不得布置在高压线下，并宜靠近水源；

5）林区的村镇和独立设置的建筑物与林区边缘间的消防安全距离不得小于300m。

（2）消防站设置要求。消防站的设置，应符合下列要求：

1）消防站的布局应以接到报警后5min内消防人员到达责任区边缘为原则，并应设在责任区内的适中位置和便于消防车辆迅速出动的地段；消防站的建设用地面积宜符合表2-6的规定。

表 2-6 消防站规模分级

消防站类型	责任区面积 /km²	建设用地面积 /m²
标准型普通消防站	≤ 7.0	2400～4500
小型普通消防站	≤ 4.0	400～1400

2）消防站的主体建筑距离学校、幼儿园、医院、影剧院、集贸市场等公共设施主要疏散口的距离不得小于 50m。

2. 消防给水与通道

（1）消防给水。村镇消防给水应符合下列要求：

1）具备给水管网条件的村镇，其管网及消火栓的布置、水量、水压应符合现行国家标准《建筑设计防火规范》（GB 50016—2006）有关消防给水的规定。

2）不具备给水管网条件的村镇，应充分利用河、湖、池塘、水渠等水源，设置可靠的取水设施，因地制宜地规划建设消防给水设施；

3）天然水源或给水管网不能满足消防用水时，宜设置消防水池，寒冷地区的消防水池应采取防冻措施。

有条件的村镇应沿道路设置消防栓，在村镇给水规划时一并考虑。

需要消防给水的范围：

①高度不超过 24m 的科研楼（存有与水接触能引起燃烧爆炸的物品除外）；

②超过 800 个座位的剧院、电影院、俱乐部和超过 1200 个座位的礼堂、体育馆；

③体积超过 5000m³ 的车站、码头、机场建筑物以及展览馆、商店、病房楼、门诊楼、图书馆、书库等；

④超过 7 层的单元式住宅，超过 6 层的塔式住宅、通廊式住宅、底层设有商业网点的单元式住宅；

⑤超过 5 层或体积超过 10000m³ 的教学楼等其他民用建筑；

⑥国家级文物保护单位的重点砖木结构或木结构的古建筑。

（2）消防通道。消防通道之间的距离不宜超过160m,路面宽度不得小于4m。当消防车通道上空有障碍物跨越道路时,路面与障碍物之间的净高不得小于4m。

需要消防车道的范围:

1) 穿越建筑物的消防车道。街区内的道路应考虑消防车的通行,其道路中心线间距不宜超过160m。当建筑物的沿街部分长度超过150m或总长度超过220m时,均应设置穿过建筑物的消防车道。

2) 穿越建筑物的门洞。消防车道穿越建筑物的门洞时,其净高和净宽均不应小于4m;门垛之间的净宽不应小于3.5m。

3) 连通内院的人行通道。沿街建筑应设连通街道和内院的人行通道(可利用楼梯间通过),其间距不宜超过80m。

4) 环形消防车道。超过3000个座位的体育馆、超过2000个座位的会堂和占地面积超过3000m的展览馆等公共建筑,宜设环形车道。

5) 封闭内院的消防车道。建筑物的封闭内院,如其短边长度超过24m时,宜设有进入院内的消防车道。若做门洞时,其净高和净宽不应小于4m;若做车道时,其宽度不应小于3.5m。

6) 高层建筑的周围,应设环形消防车道。当高层建筑的沿街长度超过150m或总长度超过220m时,应在适中位置设置穿过高层建筑的消防车道。高层建筑应设有连通街道和内院的人行通道。穿过高层建筑的消防车道,其净宽和净空高度均不应小于4m。

7) 消防车道的尺寸。消防车道的宽度不应小于3.5m,道路上空遇有管架、栈桥等障碍物时,其净高不应小于4m。

8) 消防车道的回车场。环形消防车道至少应有两处与其他车道连通;尽端式车道应设回车道或面积不小于12m×12m的回车场;供大型消防车使用的回车场面积不应小于15m×15m。消防车道下的管道和暗沟应能承受大型消防车的压力。消防车道可利用交通道路。

（二）村镇防洪规划

1. 村镇防洪规划的要求与内容

（1）村镇防洪规划的要求。

1）村镇防洪规划应与当地江河流域、农田水利、水土保持、绿化造林等的规划相结合，统一整治河道，修建堤坝，圩堤和蓄、滞洪区等工程防洪设施。

2）村镇防洪规划应根据洪灾类型（河洪、海潮、山洪和泥石流）选用不同的防洪标准和防洪设施，同时将工程防洪设施与非工程防洪设施相结合，组成完整的防洪体系。

3）村镇防洪规划应按国家现行的标准《防洪标准》（GB 50201—94）的有关规定执行；镇区防洪规划除应执行本标准外，还应符合国家现行的标准《城市防洪工程设计规范》（CJJ50—92）的有关规定。

4）邻近大型或重要工矿企业、交通运输设施、动力设施、通讯设施、文物古迹和旅游设施等防护对象的村镇，当不能分别进行防护时，应按就高不就低的原则确定设防标准及设置防洪设施。

①在镇区和村庄修建围埝、安全台、避水台等就地避洪安全设施时，其位置应避开分洪口、主洪顶冲和深水区，其安全超高应符合表2-7的规定。

②在村镇建筑和工程设施内设置安全层或建造其他避洪设施时，应根据避洪人员数量，统一进行规划，并应符合国家现行的标准《蓄滞洪区建筑工程技术规范》（GB 50181—93）的有关规定。

5）易受内涝灾害的村镇，其排涝工程应与村镇排水工程统一规划。

6）防洪规划应设置洪灾救援系统，包括应急集散点、医疗救护、物资储备和报警装备等设施。

表 2-7　就地避洪安全设施的安全超高

安全设施	安置人口 / 人	安全超高 /m
围埝	地位重要,防护面大,人口≥10000 的密集区	>2.0
围埝	≥10000	2.0～1.5
围埝	≥1000<10000	1.5～1.0
围埝	<1000	1.0
安全台、避水台	≥1000	1.5～1.0
安全台、避水台	<1000	1.0～0.5

注：安全超高是指在蓄洪、滞洪时的最高洪水水位以上,考虑水面浪高等因素,避洪安全设施要增加的富余高度。

（2）防洪工程规划的内容。

1）实地踏勘,收集资料,综合研究。除了研究村镇总体规划的设计意图、市政工程和防洪、防治泥石流及滑坡的规划构思之外,还要着重了解河道的断面、泄洪能力,历年的洪水水位,河道的地质地貌以及历史上所发生过的洪水、泥石流的危害和滑坡等情况;了解堤防现状和本规划区四周的地形、地貌、土壤、植被以及形成山洪的源头等情况。通过实地踏勘取得第一手资料之后,还要进行多方面的比较、核实、研究,为下一步的规划工作提供依据。

2）确定防洪标准。所谓防洪标准,是指防洪工程能防多大的洪水。村镇防洪工程设计标准关系到防洪工程规模、投资及建设期限等问题,应根据村镇的性质、工业的重要程度、经济能力以及其他因素确定防洪标准。如具体到某个居住区时,由于所在区与整个村镇的防洪具有连带关系,须确定该区的防洪工程的分区防洪标准。分区防洪标准定得过高,势必增加工程量的投资;定得过低,又不能保证居住区的必要安全。因此,应当根据居住区的重要性和经济、技术的可能性,结合踏勘所获得的第一手资料,确定其适当的标准——洪水重现期和频率。确定防洪标准之后,接着推算该频率的洪水的洪峰流量。其计算方法要根据水文资料直接分析计算。也可根据本地的实际,采用经验公式推求。

3）确定防洪、防泥石流及滑坡的工程措施。求得洪峰流量之后，就得根据该流量来确定合理的防洪工程。防洪工程的主要措施有堤防、分洪、整治河道、修筑泄洪沟、提高设计标高、整治村镇湖塘等。在村镇的具体分区区域，由于其规划的面积相对于整个村镇来说比较小，因此在设防时不可就事论事，还应结合总体规划中的防洪问题通盘考虑。

泥石流防治主要有工程防治和生物防治两大类。工程防治措施是采取稳定边坡、蓄水拦淤、减缓纵坡来控制不良的地质运动复活。其方式主要有修建谷坊群、截流沟、拦淤坝、固床坝、排洪道等。生物防治是植树造林、种草栽荆，它对防止水土流失具有十分重要的作用。位于山脚的村镇，山高坡陡，容易产生山洪，如果生物防治达到了固石稳土的作用，一般暴雨最多形成山洪，形成泥石流的威胁就会小得多。

滑坡防治有挖孔桩拦挡、钻孔桩锚固拦挡、挡墙拦挡以及截流排水、减载缓坡、反压嵌塞等措施。当然，滑坡防治无疑也有一个生物防治的课题，这是治本的唯一途径。

2. 防洪标准

制订村镇防洪规划的首要问题是，经过仔细的调查、研究和分析、计算，全面考虑工程难易及经济效果，确定防洪标准。如果标准过高，必然要耗费巨大的工程费用；如果标准太低，一旦遭遇洪水灾害，就会造成严重的损失。

防洪标准——洪水重现期和频率，取值的大小关系到城镇的安全和投资的高低。重大城镇，其洪水重现期可取为 100～300 年一遇；一般性城镇，其洪水重现期为 20～50 年一遇。

根据《防洪标准》（GB 50201—94），城市应按其社会经济地位的重要性或非农业人口的数量确定防洪标准，见表 2-8。

表 2-8　城市防洪标准

等级	重要性	非农业人口/万人	防洪标准[重现期(a)]
Ⅰ	特别重要的城市	≥150	>200
Ⅱ	重要城市	150～50	200～100
Ⅲ	中等城市	50～20	100～50
Ⅳ	一般城镇	≤20	50～20

位于平原、湖洼地区的城镇,当需要防御持续时间较长的江河洪水或湖泊水位时,其防洪标准可取表 2-8 规定中的较高者。

村庄是以乡村为主的防护区,根据《防洪标准》(GB 50201—94),应按其人口或耕地面积确定防洪标准,见表 2-9。

表 2-9　乡村防护区等级与防洪标准

等级	防护区人口/万人	防护区耕地面积/万亩	防洪标准[重现期(a)]
Ⅰ	≥150	≥300	≥200
Ⅱ	150～50	300～100	200～100
Ⅲ	50～20	100～30	100—50
Ⅳ	≤20	≤30	50～20

人口密集、乡镇企业较发达或农作物高产的乡村防护区,其防洪标准可适当提高;地广人稀或淹没损失较少的乡村防护区,其防洪标准可适当降低。

防洪工程设计标准主要是对某个泄洪河道的堤坝而言,两者有着密切的关系。一般来说,河道防洪标准提高,城镇防洪标准也就相应提高了。防洪工程设计标准见表 2-10。

表 2-10　防洪工程设计标准

级别	工程情况及企业性质	防洪标准 频率/%	防洪标准 重现期/年
Ⅰ	1. 大型工业企业 2. 对排洪有特殊要求的中型工业企业 3. 大城市	1.0	100

续表

级别	工程情况及企业性质	防洪标准	
		频率/%	重现期/年
Ⅱ	中型工业企业在淹没后损失较大,但能在短期内恢复	2.0	50
	对排洪有特殊要求的小型工业企业		
Ⅲ	中、小型工业企业	5.0	20

3. 防洪对策与工程措施

（1）防洪对策。

1）在平原地区,当河流贯穿村镇或从一侧通过,村镇地势低于洪水水位时,应修建防洪堤。

2）当河流贯穿村镇,河床较深,则易引起洪水对河岸的冲刷,应设挡土墙等护岸工程,也可与滨河路一并建造。

3）村镇位于山前区,地面坡度大,山洪出山沟口多,可以采用排（截）洪沟。

4）当村镇上游近距离内有大中型水库时,应提高水库的设计标准。

5）村镇地处盆地、低地,暴雨时易发生内涝,应在村镇外围建防洪堤,并修建泵站排涝。

6）位于海边的村镇,容易受海潮及飓风的袭击,应建造海岸堤及防风林带。

（2）防洪工程措施。

制定村镇防洪规划,应与当地河流流域规划、农田水利规划、水土保持及植树造林规划等结合起来统一考虑。一般可采用下面几项工程措施：

1）修筑防洪堤岸。村镇用地范围的标高普遍低于洪水水位时,则应按防洪标准确定的标高修筑防洪堤。汛期一般用水泵排出堤内积水,排水泵房和集水池应修建在堤内最低处。堤外侧则应结合绿化规划种植防浪林,以保护堤岸。

筑堤一定要同时解决排涝问题。洪水与内涝往往是同时出现的,因此,排水系统在河岸边的出水口应设置防倒灌的闸门。对堤内的湖、塘等应充分加以利用,以便降低内涝水位,减小排涝泵站的规模,减少其设计流量,从而降低投资和运行费用。

2）整修河道。我国北方地区降雨集中,洪水历时短但峰量较大,平时河道干涸,河床平浅,河滩较宽,这对于村镇用地、道路规划、桥梁建造都是不利的。规划中宜考虑防洪标准下的泄洪能力将河道加以整治,修筑河堤以束流导引,变河滩地为村镇用地,把平浅的河床加以浚深,或把过于弯曲的河道截弯取直,以增加泄洪能力,降低洪水位,从而降低河堤高度。

3）整治湖塘洼地。湖塘洼地对防洪排渍的调节作用是不小的。应结合村镇总体规划,对一些湖塘洼地加以保留与整治,或浚挖用来养鱼,或略加填垫修整用来作绿化苗圃,还可结合排水规划加以连通,以扩大蓄纳容量。

4）修建截洪沟。山区的村镇,往往受到山洪暴发的威胁。可在村镇用地范围靠山较高的一侧,顺应地形修建截洪沟,因势利导,将山洪引至村镇范围外的其他沟河,或引至村镇用地的下游方向排入附近河流中。截洪沟的布置、坡度及铺砌材料等,应考虑安全、水流冲刷等因素,尽量采用明沟,避免从村镇范围内穿过。对依山傍水的村镇,在考虑修建截洪沟的同时,还应根据洪水调查资料,修筑必要的河堤和采取局部排洪的措施。

（三）防震减灾规划

我国地震活动频率高、强度大、分布广,是世界上地震灾害最为严重的国家之一。据统计,我国因地震死亡的人数占全球因地震死亡人数的55%。20世纪,全球两次造成死亡20万人以上的大地震全都发生在我国。一次是1920年宁夏海原8.5级大地震,死亡23.4万人;另一次就是1976年唐山7.8级大地震,死亡24.4万人。2008年5月12日四川汶川8.0级特大地震,造成约

7万人遇难、2万人失踪的特大灾难。据建国以来50年的资料统计,地震灾害造成的死亡人数占各种自然灾害死亡人数的54%,可谓群灾之首。因此,地震和地震灾害问题是我国减轻自然灾害、保障国民经济建设和社会持续发展,特别是保障人民群众生命财产安全的一个重要问题。

防震减灾规划作为村镇规划的重要组成部分,是政府全面统一部署的一定时期内防震减灾工作的指导性文件,是政府依法加强领导,落实有关政策,协调各部门工作,动员全社会力量,开展防震减灾的重要途径和手段。编制防震减灾规划的目的就是贯彻防震减灾工作方针,针对震情形势和潜在的地震灾害影响,明确防震减灾工作在一定时期内的指导思想、原则和目标等几个方面的工作任务和措施,使防震减灾工作在政府的统一领导下协调、有序地开展,并与经济建设和社会发展相适应。

1. 村镇抵御地震灾害风险的能力与防震减灾规划的内容

(1)村镇抵御地震灾害风险的能力。目前,由于缺乏相应的法律、法规,公众防震减灾意识淡薄,缺乏必要的防震知识等原因,村镇抵御地震灾害风险的能力普遍较低。突出表现在以下几个方面:

1)村镇规划对地震灾害预防考虑不够。由于许多村镇对所处的地震环境和现有的建筑、生命线设施的抗震能力缺乏足够的了解,在新区规划中,难以根据地震环境、震害风险、抗震不利因素的空间分布等进行科学合理的布局;城镇老区的改建也难以根据现有建筑物的地震风险分布情况,按轻重缓急,科学地加以实施;村镇地震灾害应急避难场所、疏散通道设置和救灾能力布局等方面远远不能满足要求。

2)村镇建设中地震灾害预防难以落实。城镇化进程的加速,带来了基础设施和建筑的迅速增加,由于缺乏足够的技术支撑以及建设管理体系中的缺陷,新建工程的抗震设防管理缺乏法律、法规的强制要求,致使许多工程在抗震性能上未能达到相应的抗震要求,给村镇带来了很大的地震安全隐患。

3)地震灾害应对准备不足。由于缺乏足够的地震灾害应对准备与应急救灾的基础信息、技术支撑和应对措施,一旦发生地震灾害将导致应急救灾的滞后与措施不当。

(2)防震减灾规划的内容。村镇防震减灾规划主要包括建设用地评估、工程抗震、生命线工程和重要设施、防止地震次生灾害、避震疏散、建立地震时的防灾救灾体系、明确地震时各级组织的职责、提高地震应急响应和救灾能力等。

1)建设用地评估。处于抗震设防区的村镇进行规划时,应选择对抗震有利的地段,避开不利地段;当无法避开时,必须采取有效的抗震措施,并应符合国家现行的标准《建筑抗震设计规范》(GB 50011—2001)和《中国地震动参数区划图》(GB 18306—2001)的有关规定。严禁在危险地段规划居住建筑和其他人口密集的建设项目。

在村镇规划中,应控制土地开发强度,将建筑物和人口密度控制在一定范围内;居住用地、公建用地、工业用地以及生命线工程、公共基础设施等应避开活动构造、抗震不利区域和危险区域;将抗震不利地段规划为道路用地、绿化用地、仓库用地、对外交通用地等对场地条件要求不是很高的土地使用类型,同时作为地震时避震疏散场地;抗震危险地段可规划为绿化用地。对村镇老区中人口和建筑物密度过大的区域,应减少密度,向抗震有利地段迁移发展。

2)工程抗震。重大工程、可能发生严重次生灾害的建设工程必须进行地震安全性评价,并依据评价结果确定抗震设防要求,进行抗震设防;对于一般建设工程,有条件的地区应当严格按照强制性国家标准《中国地震动参数区划图》或者地震小区划结果确定的抗震设防要求进行抗震设防,在经济欠发达地区,至少基础设施和公共建筑应当按照国家标准进行抗震设防,其他建设工程也应当因地制宜地采取一定的抗震措施。各种建(构)筑物和工程设施,只有按照相应的抗震设防要求和抗震设计规范进行严格的抗震设计和施工,才能具备一定的抗御地震的能力。

对现有的建筑物、构筑物和工程设施应按国家和地方现行的有关标准进行鉴定,提出抗震加固、改建、翻建和拆除、迁移的意见。

3)生命线工程和重要设施规划。生命线工程和重要抗震设施(包含交通、通信、供水、供电、能源等生命线工程以及消防、医疗和食品供应等重要设施)应进行统筹规划,除按国家现行的标准进行抗震设防外,还应符合下列规定:

①道路、供水、供电等工程采用环网布置方式;

②镇区人口密集的地段设置不少于4个出入口;

③抗震防灾指挥机构设置备用电源。

4)次生灾害规划。对生产和储存具有发生地震次生灾害可能的物质的地震次生灾害源,包括产生火灾、爆炸和溢出剧毒、细菌,放射物外泄等次生灾害的单位,应采取下列措施:

①次生灾害严重的,应迁出镇区和村庄;

②次生灾害不严重的,应采取防止灾害蔓延的措施;

③在镇中心区和人口密集活动区,不得有形成次生灾害源的工程。

5)疏散场地规划。避震疏散场地应根据疏散人口的数量规划,疏散场地应与广场、绿地等综合考虑,并应符合下列规定:

①应避开次生灾害严重的地段,并具有明显的标志和良好的交通条件;

②每一疏散场地不宜小于4000 ㎡;

③人均疏散场地不宜小于3 ㎡;

④疏散人群距疏散场地的距离不宜大于500m;

⑤主要疏散场地应具备临时供电、供水和卫生条件。

6)制定地震应急预案。地震应急是防震减灾的四个工作环节之一,包括临震应急和震后应急。制定破坏性地震应急预案和落实预案的各项实施条件,是做好震前防震工作的重要环节。破坏性地震应急预案是政府和社会在破坏性地震即将发生前采取的紧急防御措施和地震发生后采取的应急抢险救灾行动的计划。从各地、各部门制定与实施破坏性地震应急预案的实践经验来看,应急预案应当包括6个方面的内容:应急机构的组成和职责;应急通信保障;抢险救援人员的组织和资金、物资的准备;应急、救助装备的准备;灾害评估准备;应急行动方案。

2. 防震减灾设施布局

从村镇规划的角度来看,学校操场、公园、广场、绿地等均可作为临时避震场所。除满足其自身基本功能的需要和有关法律规范要求外,在防震减灾方面,这些设施布局与选址主要有以下一些规定与要求:

(1)中小学校。学校宜设在无污染的地段,学校与污染源的距离应符合国家有关防护距离的规定,宜选在阳光充足、空气畅通、场地干燥、排水通畅、地势较高的地段,校内应有运动场的场地,具备设置给排水及供电设施的条件,校区内不得有架空高压输电线穿过。

学校主要教学用房的外墙面与铁路的距离不应小于300m;与机动车流量超过每小时270辆的道路同侧路边的距离不应小于80m,当小于80m时,应采取隔声措施;中学服务半径不宜大于1000m,小学服务半径不宜大于500m。有学生宿舍的学校,不受此限制。走读学生不应跨过城镇干道、公路及铁路。

(2)公园。公园的用地范围和性质,应以批准的村镇总体规划和绿地系统规划为依据。公园的范围线应与道路红线重合,条件不允许时,设通道使主要出入口与道路衔接;高压输配电架空线通道内的用地不应按公园设计。公园用地与高压输配电架空线通道相邻处,应有明显界限;高压输配电架空线以外的其他架空线和市政管线不宜通过公园,特殊情况必须过境时应符合《公园设计规范》(CJJ48—92)的有关规定。

（3）广场。广场一般分为公共活动广场、集散广场、交通广场、纪念广场、商业广场五类,有些广场兼有多种功能。

1）按照村镇总体规划确定的性质、功能和用地范围,结合城市交通、地形、自然环境等进行广场设计,并处理好与毗连道路及主要建筑物出入口的衔接,以及与周围建筑物的协调,注意广场的艺术风貌。按人流、车流分离的原则布置分隔、导流等设施,并采用交通标志与标线指示行车方向、停车场地和步行活动区。

2）各类广场的功能与设计要求如下：

①公共活动广场。有集会功能时,应按人数计算需用场地,并对在场人流迅速集散的交通组织,以及与其相适应的各类车辆停放场地进行合理布置和设计。

②集散广场。应根据高峰时间人流和车辆多少、公共建筑物主要出入口的位置,结合地形合理布置车辆与人群的进出通道、停车场地、步行活动地带等。

港口码头、铁路车站、长途汽车站的站前广场应与交通站点的布置统一规划,组织交通,使人流、客货运车流的通路分开,行人活动区与车辆通行区分开,出站、进站的车流分开。

③交通广场。包括桥头广场、环形交通广场等,应处理好广场与所衔接道路的交通,合理确定交通组织方式和广场平面布置,减少不同流向的人与车的相互干扰。

④纪念广场。应以纪念性建筑为主体,并结合地形布置绿化与供瞻仰、游览活动的铺装场地。为保持环境安静,应另辟停车场地,避免导入车流。

⑤商业广场。应以人行活动为主,合理布置商业贸易建筑和人流活动区。广场的人流进出口应与周围公共交通站相协调,合理解决人流与车流的干扰。

3）在广场通道与道路衔接的出入口处,应满足行车视距要求。

4）广场竖向设计应根据平面布置、地形、土方工程、地下管线、广场上主要建筑物标高、周围道路标高与排水要求等进行,并考虑广场整体布局的美观;广场排水应考虑广场的坡向、面积大小、相连接道路的排水设施,采用单向或多向排水;广场设计坡度,平原地区应小于或等于1%,最小为0.3%,丘陵和山区应小于或等于3%。地形困难时,可建成阶梯式广场,与广场相连接的道路纵坡度以0.5%~2%为宜。困难时最大纵坡度不应大于7%,积雪及寒冷地区不应大于6%,但在出入口处应设置纵坡度小于或等于2%的缓坡段。

（4）绿地。城市绿地对防震抗灾有重要意义。绿地,特别是分布在居住区内的绿地,可供临震前安全疏散之用。

1）居住区内绿地,包括公共绿地、宅旁绿地、配套公建所属绿地和道路绿地等。

2）居住区内绿地应符合下列规定:一切可绿化的用地均应绿化,并发展垂直绿化;宅间绿地应精心规划与设计;新区建设绿地率不应低于30%,旧区改造绿地率不宜低于25%。

3）居住区内的绿地规划,应根据居住区的规划组织结构类型、不同的布局方式、环境特点及用地的具体条件,采用集中与分散相结合,点、线、面相结合的绿地系统,并宜保留和利用规划或改造范围内的已有树木和绿地。

4）居住区内的公共绿地,应根据居住区不同的规划组织结构类型,设置相应的中心公共绿地,包括居住区公园（居住区级）、小游园（小区级）和组团绿地（组团级）以及儿童游戏场和其他的块状、带状公共绿地等,并要符合表2-11中的规定。

表2-11　各级中心公共绿地设置规定

中心绿地名称	设置内容（视具体条件选用）	要求	最小规模/hm^3
居住区公园	花木草坪、花坛水面、凉亭雕塑、小卖部、茶座、老幼设施、停车场地和铺装地面等	园内布局应有明确的功能划分	1.0

续表

中心绿地名称	设置内容（视具体条件选用）	要求	最小规模 /hm³
小游园	花木草坪、花坛水面、雕塑、儿童设施和铺装地面等	园内布局应有明确的功能划分	0.4
组团绿地	花木草坪、桌椅、简易儿童设施等	灵活布局	0.04

第五节　村镇总体规划的编制步骤和成果要求

一、村镇总体规划的编制步骤

村镇总体规划的编制一般应经过下列程序：

（1）搜集和分析有关总体规划的基础资料。包括县域规划、县级农业区规划、县土地利用总体规划等成果，国民经济等各部门的发展计划，自然资源的分布，村镇和人口的分布现状及存在问题，规划范围内道路交通、电力、电讯工程设施现状和存在问题，当地领导和群众的要求和设想等。

（2）绘制现状分析图和编写规划纲要。在搜集、整理和分析基础资料的基础上，绘制现状分析图和编写规划纲要。

（3）绘制总体规划方案草图。一般应绘制两个或两个以上的草图以便进行方案比较。

（4）规划方案的比较。比较的内容有村镇和主要生产企业的分布，村镇间道路交通、电力、电讯、给水、排水等工程设施的总体安排，主要公共建筑的配置等。方案比较的目的是从几个方案中选出最佳的规划方案，该方案应充分吸取其他方案的优点。

（5）绘制村镇总体规划图。在方案比较的基础上，正式绘制村镇总体规划图。

（6）编写村镇总体规划说明书。

第二章 村镇总体规划

二、总体规划图纸、文件成果要求

村镇总体规划(村镇体系规划)的成果包括:乡(镇)域村镇现状分析图、乡(镇)域总体规划图和说明书。

(1)乡(镇)域村镇现状分析图。应标明村镇的现状位置、人口分布、土地利用、资源状况、道路交通、电力电讯、主要乡镇企业和公共建筑,以及对总体规划有影响的其他内容。比例尺一般为1:10000或1:20000、1:25000。

(2)乡(镇)域村镇总体规划图。应表明规划期末的村镇分布、性质、规模,对外交通与村镇间的道路系统、电力、电讯等公用工程设施,主要乡镇企业和公共建筑的配置,以及防灾、环保等方面的统筹安排。规划图一般为一张图纸,内容较复杂时可分为两张图纸。比例尺与现状分析图相同。

(3)说明书。村镇总体规划说明书文字简洁,内容因事制宜,不必程式化,其主要内容包括:

1)说明规划范围内的自然概况和地理位置;

2)说明现状情况,包括工副业生产、农业生产、村镇分布、人口及当地风俗习惯等;

3)说明规划的指导思想、规划期限和现状存在的主要问题;

4)规划的主要依据是什么,如何确定村镇性质、规模和村镇位置的调整情况(包括新建、改建、迁村并点的数量及原因);

5)说明规划范围内主要生产企业和主要公共建筑的布局及配置情况;

6)介绍道路交通和工程设施规划情况等;

7)技术交底。交代在执行规划中所注意的问题,说明哪些问题还没有在规划中解决,需要在专业设计中解决,以及其他需交代清楚的问题。

以上七部分,是村镇总体规划说明书的基本内容,为阐述清楚,可以附表或插图。对专业设计有帮助的一些规划基础资料,可以进行综合整理作为附件,供参考使用。

第三章 集镇镇区建设规划

第一节 集镇镇区建设规划的内容、任务与目标

一、镇区建设规划的内容

随着社会经济的发展、城市化进程的加快、村镇产业结构的调整,村镇的发展趋向大致分为三类:一类是近郊型村镇;一类是有自己特色产品的工业型村镇;一类是以农业为基础的传统型村镇。它们分别有各自的经济、社会特点及发展模式,"一刀切"的指标体系在一定程度上已经不适宜现代村镇的发展及新农村建设的需要。这就要求在进行镇区规划建设时应该根据村镇的特点,合理地确定人均指标体系,从而保证规划的合理性及可操作性;同时上一级村镇体系规划也是村镇职能定位的主要依据,它所反应的内容也应直接体现在镇区建设规划当中。

镇区建设规划应当包括下列内容:

(1)合理定位村镇职能及村镇发展方向,这是使一切后续工作合理有效进行的基础;

(2)认真分析土地资源状况、建设用地现状和经济社会发展需要,合理预测村镇人口、发展规模及发展方向,根据《镇规划标准》(GB50188—2007)确定人均建设用地指标,计算用地总量,再确定各项用地的构成比例和具体数量。如果镇区属城市近郊或镇区内非农业经济所占比重较大,则应参考《城市用地分类与

第三章 集镇镇区建设规划

规划建设用地标准》(GBJ137—1990);

(3)进行用地布局,确定居住、公共建筑、生产、工业、公用工程、道路交通系统、仓储、绿地等建筑与设施建设用地的空间布局,做到既联系方便又分工明确,划清各项不同使用性质用地的界线。尤其需要注意的是:要合理确定工业区、养殖区与生活区的布局关系,使它们与居住生活用地既要联系方便又要保持必要的防护距离。同时积极倡导发展节约型、环保型、生态型农副产品加工业和高科技产业,延长生产链条,促进产业集聚及农村经济的发展;

(4)根据村镇总体规划提出的原则要求,对规划范围的供水、排水、供热、供电、电讯、燃气等设施及其工程管线进行具体安排,按照各专业标准规定,确定空中线路、地下管线的走向与布置,并进行综合协调。对现在不具备管线入地条件的村镇应统筹规划,兼顾眼前利益与长远利益,并提出以后改造的可行性方案;

(5)确定旧镇区改造和用地调整的原则、方法和步骤,大胆探索农业产业结构调整及农村城镇化趋势下旧镇区的改造及用地结构调整模式;

(6)对中心地区和其他重要地段的建筑体量、体型、色彩提出原则性要求;

(7)确定道路红线宽度、断面形式和控制点坐标、标高,进行竖向设计,保证地面排水顺利,尽量减少土石方量;

(8)综合安排环保和防灾等方面和设施;

(9)编制镇区近期建设规划;

(10)规划实施对策建议;

(11)历史文化名镇及其他有特殊要求的村镇,规划成果可适当增加图纸。

二、镇区建设规划的任务

镇区建设规划的任务是:以村镇总体规划为依据,确定镇区的性质和发展方向,预测人口和用地规模、结构,进行用地布局,合理配置各项基础设施和主要公共建筑,安排主要建设项目的时间顺序,并具体落实近期建设项目。

三、镇区建设规划的目标

镇区远期建设规划要达到能有效地控制镇区空间关系,保证规划公共活动空间及绿地有步骤的实施,道路用地及建筑后退能在旧宅翻新中预留,能为镇区经济发展寻求新的增长提供硬件基础;镇区近期建设规划要达到直接指导建设或工程设计的深度。建设项目应当落实到指定范围,有四角坐标、控制标高、主要立面效果、示意性平面、项目投资预算等内容;道路或公用工程设施要标有控制点坐标、标高,项目投资预算,并说明各项目规划的要求。

第二节 集镇镇区现状及用地分类

一、镇区现状

镇区建设现状是指村镇生产、生活所构成的物质基础和现有土地的使用情况,如建筑物、构筑物、道路、工程管线、绿地、防洪设施等。这些都是经过一定的历史时期建设而逐步形成的。无论是在现有村镇基础上进行规划建设,还是出于古城保护、自然灾害等原因另辟村镇新址,村镇规划都不能脱离这些原有的基础。

(一)居住建筑建设现状

(1)村镇居住用地的分析,生产与生活的关系,居住用地的功能组织。

(2)村镇现有居住面积和建筑面积的估算。根据建筑层数、建筑质量分类统计现状居住面积和居住建筑面积的数量,公房、私房的数量,宅基地面积的数量。

(3)典型地段的住宅建筑密度和居住面积密度,户型构成及生活居住的特点。

(二)公共建筑与绿地建设现状

(1)村镇公共建筑,如医院(卫生所)、政府办公楼、中小学、儿童机构、影剧院、俱乐部、文化中心、旅馆、商店、公共食堂、仓库、运动场的分布,以及它们的数量、建筑面积、规模、质量、占地面积。

(2)公共绿地的数量及其分布情况。

(三)工程设施建设现状

(1)道路、桥梁。主要街道的长度、密度、路幅宽度、路面等级、通行能力、利用情况。桥梁的位置、跨度、结构类型、载重等级等。

(2)给水。水源地、水厂、水塔位置和容量,管网走向、长度,水质、水压、供水量。

(3)排水。排水体制,管网走向、长度,出口位置;污水处理情况;雨水排除情况。

(4)供电。电厂、变电所的容量、位置;区域调节、输配电网络概况;高压线走向。

(5)环境资料作为污染源的有害工业、污水处理厂、屠宰场、养殖场、火葬场的位置及其概况。

二、镇区建设用地分析评价

镇区建设用地分析评价的主要内容是:在调查、收集和分析研究所得各项自然环境条件资料、建设条件和现状条件资料的基础上,按照规划建设的需要以及发展备用地在工程技术上的可行性和经济性,对用地条件进行综合的分析评价,以确定用地的适宜程度,为村镇用地的选择和组织提供科学的依据。镇区建设用地分析评价是进行镇区建设规划的一项必要的基础工作。

（一）镇区自然环境条件的分析

影响镇区规划和建设的自然环境条件是多方面的。组成的自然环境要素主要有地质、水文、气候、地形源等几个方面。这些要素从不同程度、不同范围并以不同方式对村镇产生着影响。下面对这些方面与镇区规划和建设的相互影响分别进行分析。

1. 地质条件

地质条件的分析主要是指对镇区建设用地选择和工程建设有关的工程地质方面的分析。

（1）建筑地基。镇区各项工程建设都是用地基来承载。由于土层的地质构造和土层的形成条件不一,其组成物质也各不相同,因而其对建筑物的承载力也就不同,如表3-1所示。了解建设用地范围内不同的地基承载力,对合理选择村镇用地和合理分布建设项目以及工程建设的经济性,意义十分重大。

表3-1　不同地质构造的地基承载力

类别	承载力 /t/m²	类别	承载力 /t/m²
碎石(中密)	40～70	细砂(很湿、中密)	12～16
角砾(中密)	30～50	大孔土	15～25
黏土(固态)	25～50	沿海地区的淤泥	4～10
粗砂、细砂(中密)	24～34	泥炭	1～5
细砂(稍湿、中密)	16～22		

（2）冲沟。冲沟是由间断流水在地表冲刷形成的沟槽。适宜的岩层或土层、地形以及气候条件是形成冲沟的主要条件。冲沟切割用地,对土地使用造成不利的影响。选用的道路线往往受其影响而增加土石方工程或桥涵、排洪工程等。尤其在冲沟发育地带,水土流失严重,给建设带来问题。所以在用地选择时,应分

析冲沟的分布,采取相应的治理措施,对地表水导流或通过绿化、修筑护坡工程等方法防治水土流失。

（3）滑坡与坍塌。滑坡与坍塌是一种物理地质现象。滑坡产生的原因,是由于斜坡上大量滑坡体(即土体和岩体)在风化、地下水及重力作用下,沿一定的滑动面向下滑动造成的。在选用坡地或仅靠岩崖建设时往往出现这种情况,造成工程损坏。滑坡的破坏作用常常造成堵塞河道、摧毁建筑、破坏厂矿、掩埋道路等严重后果。为避免滑坡所造成的危害,需对建设用地的地形特征、地质构造、水文、气候以及土体或岩体的物理性质作出综合分析或评定。在选择村镇建设用地时应避开地质条件不稳定的坡面。同时在用地规划时,还应确定滑坡地带和稳定用地边界的距离。在必须选用有滑坡可能的用地时,则应采取具体工程措施,如减少地下水或地表水的影响,避免切坡,保护坡脚等。崩塌产生的原因是由于山坡内岩层或土层的层面相对滑动使山坡失稳而造成的。当裂缝较发育,且节理面沿顺坡方向,则易于崩塌;尤其是因争取用地,过量开挖,导致坡体失去稳定性而崩塌。

2. 水文及水文地质条件

（1）水文条件。江河湖泊等水体,可作为乡镇水源,同时还在水运交通、改善气候、稀释污水、排除雨水以及美化环境等方面发挥作用。但某些水文条件也可能带来不利的影响,如洪涝灾害、水流对河岸的冲刷以及河床泥沙的淤积等。同时村镇在建设过程当中也不可避免地影响或改变了原来的水文条件,因此,在规划和建设之前,以及在建设实施的过程中,要对水文条件加以分析,以保证镇区建设的安全、合理。

（2）水文地质条件。包括地下水的存在形式,含水层厚度、矿化度、硬度、水温以及动态等条件。地下水常常是乡镇用水的水源,特别是远离江湖或地面水水量不够、水质较差的地区,勘明地下水水源尤为重要。其中具有村镇用水意义的地下水,主要是潜水和承压水。潜水基本上是由于渗入形成的,大气降水是其补给的来源,所以潜水位及其动态与地面状况有关。承压水是两个隔水层之间的重力水,受地面的影响较小,也不易污染,因此往往是主要水源。地下水的水质、水温由于地质情况和矿化程度的不同而不同,对村镇用水和建筑工程的适用性应予以注意。

在村镇规划布局中,应根据地下水的流向来安排村镇各项建设用地,防止因地下水受工业排放物的污染,影响到供水水源的水质。以地下水作为水源的村镇,应探明地下水的储量、补给量,根据地下水的补给量来决定开采的水量。地下水过量的开采,将会出现地下水位下降,严重的甚至造成水源枯竭和引起地面下沉。

3. 气候条件

气候条件对村镇规划与建设有多方面的影响,尤其在为居民创造适宜的生活环境、防止环境污染等方面,关系十分密切。

为了研究气候条件对村镇规划的影响,需要收集当地有关的气象资料,邻近县城的村镇可参考县城的气候资料。尤其是在地形复杂的地区,气候的状况对于村镇用地的选择和村镇规划的确定都有着直接的影响。

影响村镇规划与建设的气象要素主要有:太阳辐射、风向、温度、湿度与降水等几方面。其中以风向对村镇总体规划布局影响最大。

在村镇规划布局中,为了减轻工业排放的有害气体对生活居住区的危害,一般工业区按当地主导风向应位于居住区下风向。图3-1为不同主导风向情况下,工业、居住及其他用地布置关系的示意图。

分析、确定村镇主导风向和进行用地分布时,特别要注意微风与静风的频率。在一些位于盆地或峡谷的村镇,静风往往占有相当比例。如果只按频率大小的主导风向作为分布用地的依据,而忽视静风的影响,则有可能加剧环境污染之害。

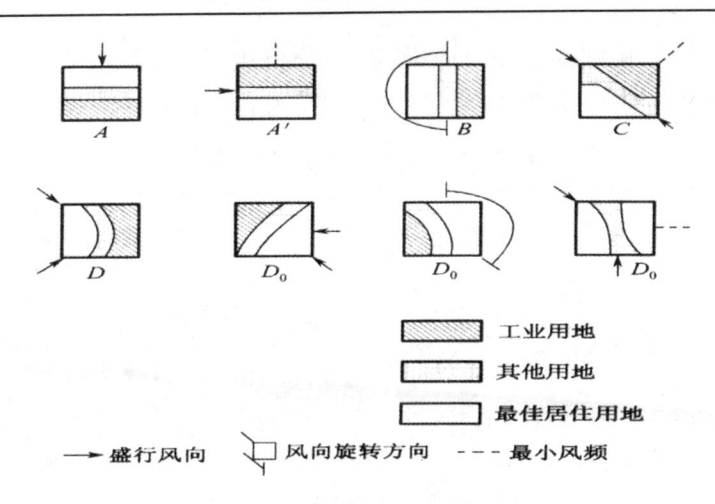

工业与居住用地布置图

图 3-1　村镇用地典型布局示意图

4. 地形条件

地形条件对村镇平面结构和空间布局，对道路的走向和线型，对村镇各项工程设施的建设，对村镇的轮廓、形态和艺术面貌等，均有一定的影响。结合自然地形条件，布置村镇各类用地，进行规划与建设，无论是从节约用地还是从减少土石方工程量及投资等技术经济方面来看，都具有重要的意义。村镇用地对坡度有一定的要求，一般可适用的坡度可参看表 3-2。

表 3-2　村镇各项建设用地适用坡度

项目		最小坡度 /%	最大坡度 /%
工业、手工业用地		0.5	10.0
道路	主干道	0.3	4.0
	次干道	0.3	6.0
	巷道	0.3	8.0
铁路站场		0	0.25
对外主要公路		0.4	3.0
建筑物	大型建筑	0.3	2.0～5.0
	中型建筑	0.3	5.0～10.0
	住宅或低层建筑	0.3	10.0～20.0

从以上几项对自然环境条件的分析中,可以看出自然环境对村镇规划与建设的影响是非常广泛的,归纳起来可见表3-3。

表3-3 自然环境条件的分析

自然环境条件	分析因素	对规划与建设的影响
地质	土质、风化层、冲沟、滑坡、溶岩、地基承载力、地震、崩塌、矿藏	规划布局、建筑层数、工程地质、工程防震设计标准、工程造价、用地指标、村镇规模、工业性质、农业
水文	江河流量、流速、含沙量、水位、洪水位、水质、水温、地下水水位、水量、流向、水质、水压、泉水	村镇规模、工业项目、村镇布局、用地选择、给排水工程、污水处理、堤坝、桥涵工程、港口工程、农业用地
气象	风向、日辐射、雨量、湿度、气温、冻土深度、地温	村镇工业分布、环境保护、居住环境、绿地分布、休疗养地布置、郊区农业、工程设计与施工
地形	形态、坡度、坡向、地貌、景观	规划布局结构、用地选择、环境保护、管路网、排水工程、用地标高、水土保持、村镇景观
生物	野生动物种类和分布、生物资源、植被、生物生态	用地选择、环境保护、绿化、郊区农副业、风景规划

(二)镇区建设用地评定

镇区建设用地评定主要是看用地的自然环境质量是否符合规划和建设的要求,根据用地对建设要求的适应程度来划分等级,但也必须同时考虑一些社会经济因素的影响。在进行镇区规划当中最常遇到的是占用农田问题。因为农田多半是比较适宜的建设用地,但如不进行控制就会使我国人多地少的矛盾更趋突出。

因此,除根据自然条件对用地进行分析外,还必须对农业生产用地进行分析,尽可能利用坡地、荒地、劣地进行建设,少占或不占农田。

1. 用地评定的分类

村镇用地按综合分析的优劣条件通常分为三类。

一类用地,适宜修建的用地。指地形平坦、规整、坡度适宜,地质良好,地质承载力在 0.15MPa 以上,没有被 20～50 年一遇洪水淹没的危险。这些地段的地下水位低于一般建筑物的基础埋深,地形坡度小于 10%。因自然环境条件比较优越,适于村镇各项设施的建设要求,一般不需要或只需稍加工程措施即可进行修建。这类用地没有沼泽、冲沟、滑坡和岩溶等现象。从农业生产角度看,则主要应为非农业生产用地,如荒地、盐碱地、丘陵地,必要时可占用一些低产农田。

二类用地,基本可以修建的用地。指采取一定的工程措施,改善条件后才能修建的用地,它对乡镇设施或工程项目的分布有一定的限制。

属于这类用地的有:地质条件较差,布置建筑物时地基需要进行适当处理的地段;地下水位较高,需降低地下水位的地段;容易被浅层洪水淹没(深度不超过 1～1.5m)的地段;地形坡度在 10%～25% 的地段;修建时需较大土石方工程量的地段;地面有积水、沼泽、非活动性冲沟、滑坡和岩溶现象,需采取一定的工程措施加以改善的地段。

三类用地,不宜修建的用地。包括:农业价值很高的丰产农田;地质条件极差,必须采取特殊工程措施后才能用以建设的用地,如土质不好,有厚度为 2m 以上活动性淤泥、流砂,地下水位较高,有较大的冲沟、严重的沼泽和岩溶等地质现象;经常受洪水淹没且淹没深度大于 1.5m 的地段;地形坡度在 25%～30% 之间的地段等。

用地类别的划分是按各村镇具体情况相对地来划定的,不同村镇其类别不一定一致。如某一村镇的第一类用地,在另一村镇上可能是第二类用地。类别的多少要根据用地环境条件的复杂程度和规划要求来定,有的可分为四类,有的分为两类。所以用地分类在很大程度上具有地域性和实用性,不同地区不能作质量类比。

用地评定的成果包括图纸和文字说明。评定图可以按评定的项目内容分项绘制,也可以绘制在一张图上。分析评定的详细内容可以列表说明,总之,应以表达清晰、明了为目的。

各类用地可分别以不同颜色和线条来表示。一般习惯采用的线条有：竖线条表示适宜修建的用地；斜线条表示基本上可以修建的用地；横线条表示不宜修建的用地。

2. 镇区建设用地的综合评价

镇区规划与建设所涉及的方面较多,而且彼此间的关系往往是错综复杂的。对于用地的适用性评价,在进行以自然环境条件为主要内容的用地评价以外,还需从影响规划和建设更为广泛的方面来考虑。如前所述的镇区建设条件和现状条件。此外,还有社会政治、文化以及地域生态等方面的条件作为环境因素客观地存在着,并对用地适用性的评价产生不同程度与不同方面的影响。所以,为了给用地选择和用地组织提供更为全面和确切的依据,就有必要对镇区用地的多方面条件进行综合评价。

三、镇区建设用地分类和规划用地标准

（一）镇区建设用地分类

镇区建设用地应包括居住建筑用地、公共建筑用地、生产建筑用地、仓储用地、对外交通用地、道路广场用地、公用工程设施用地和绿化用地八大类之和。

（二）镇区规划建设用地标准

镇区规划的建设用地标准应包括人均建设用地指标、建设用地构成比例和建设用地选择三部分。镇区人均建设用地指标应为规划范围内的建设用地面积除以常住人口数量的平均数值。人口统计应与用地统计的范围相一致。

人均建设用地指标应按表3-4的规定分为五级。

第三章 集镇镇区建设规划

表3-4 人均建设用地指标分级

级别	一	二	三	四
人均建设用地指标(m²/人)	>60~≤80	>80~≤100	>100~≤120	>120~≤140

注：（1）新建村镇的规划，其人均建设用地指标宜按表中第三级确定，当发展用地偏紧时，可按第二级确定。

（2）对已有的村镇进行规划时，其人均建设用地指标应以现状建设用地的人均水平为基础，根据人均建设用地指标级别和允许调整幅度确定，并应符合表3-5的规定。

（3）第一级用地指标可用于用地紧张地区的村庄；集镇不得选用。

（4）地多人少的边远地区的村镇，应根据所在省、自治区政府规定的建设用地指标确定。

表3-5 人均建设用地指标

现状人均建设用地水平 /m²/人	人均建设用地指标级别	允许调整幅度 /m²/人
≤50		应增5~20
50.1~60		可增0~15
60.1~80		可增0~10
80.1~100	二、三、四	可增、减0~10
100.1~120	三、四	可减0~15
120.1~150	四、五	可减0~10
>150	五	应减至150以内

注：允许调整幅度是指规划人均建设用地指标对现状人均建设用地水平的增减数值

四、镇区建设用地组成要素

镇区建设用地包括居住建筑用地、公共建筑用地、道路广场用地及绿化用地中公共绿地四类用地，其所占建设用地的比例宜符合表3-6的规定。

表3-6 建设用地构成比例

类别代号	类别名称	占建设用地比例/%		
		中心镇	一般镇	中心村
R	居住建筑	28～38	33～43	55～70
C	公共建筑	12～20	10～18	6～12
S	道路广场	11～19	10～17	9～16
G1	公共绿地	8～12	6～10	2～4
四类用地之和		64～84	65～85	72～92

第三节 镇区总体布局

一、镇区用地要求

镇区用地的选择,是根据能够满足规划布局和各项设施对用地环境的要求,在用地综合评价的基础上对用地进行选择。作为镇区用地的选择有下列要求。

(1)用地选择,要为合理布局创造条件。村镇各类建筑与工程设施,由于性质和使用功能要求的不同,其对用地也有不同的要求。所以首先应尽量满足各项建设项目对自然条件、建设条件和其他条件的要求。并且还要考虑各类用地之间的相互关系,才能使布局合理。如工副业用地,离居住用地过近就会影响居住区的安宁,甚至有可能污染居住环境。

(2)要充分注意节约用地,尽可能不占耕地和良田。

(3)选择发展用地,应尽可能与现状或规划的对外交通相结合,使村镇有方便的交通联系,同时应尽可能避免铁路与公路对村镇的穿插和干扰,使村镇布局保持完整统一。

(4)要符合安全要求。一是要不被洪水所淹没,如若选用洪水淹没地作村镇用地时,必须有可靠的防洪工程设施;二是要注意滑坡,避开正在发育的冲沟。石灰岩溶洞和地下矿藏的地面也要尽可能避开；三是避开高压线走廊,与易燃、易爆的危险品仓库要有安全的距离。

（5）要符合卫生要求。首先要有质量好、数量充沛的水源。即经过一般常规处理能达到国家饮用水的标准,水量能满足生活和工副业生产所需。其次,村镇用地不能选在洼地、沼泽、墓地等有碍卫生的地段。当选用坡地时,要尽可能选在阳坡面,对于居住用地尤为重要。在山区选择用地,要注意避开窝风地段。此外,在已建有污染环境的工厂附近选地,要避开工厂的下游和下风向。

二、镇区用地布局

（一）村镇用地组织布局

用地布局是村镇规划工作的重点,而村镇规划用地组织结构则是用地总体布局的"战略纲领",它指明了村镇用地的发展方向、范围,规定了各村镇的功能组织与用地的布局形态。因此,它将对村镇的建设与发展产生深远的影响。

村镇用地规划组织结构的基本原则应具备如下"三性"的要求。

（1）紧凑性。村镇规模有限,用地范围不大。如以步行的限度(如为2km或半小时之内)为标准,用地面积约 $1\sim 4km^2$,可容纳1万～5万人口,无需大量公共交通。对村镇来说,根本不存在城市集中布局的弊病,相反,这样的规模对完善公共服务设施、降低工程造价是有利的。因此,只要地形条件允许,村镇应该尽量以旧镇为基础,由里向外集中连片发展。

（2）完整性。村镇虽小也必须保持用地规划组织结构的完整性,更为重要的是要保持不同发展阶段的组织结构的完整性,以适应村镇发展的延续性。合理布局不只是指达到某一规划期限是合理的、完整的,而应该在发展的过程中都是合理的、完整的。只有这样才能够保证规划期限目标的合理和完整。

（3）弹性。由于进行村镇规划所具备的条件不一定很充分,再加上规划期限内,可变因素、未预料的因素很多,因此,必须在规划用地组织结构上赋予一定"弹性"。所谓"弹性",可以在两方面加以考虑:其一,是给予组织结构以开敞性,即用地组织形式不要封死,在布局形态上留有出路;其二是在用地面积上留有发展和变化的余地。

紧凑性、完整性、弹性是在考虑村镇规划组织结构时必须同时达到的要求。它们三者并不矛盾,而是互为补充的。通过它们共同的作用,形成在空间上、时间上都协调平衡的村镇规划组织结构形式。这样的结构形式既是统一的,又是有个性的。因此,它将能够担负起村镇发展与建设的战略指导作用。

(二)村镇用地的功能分区

村镇用地的功能分区过程就是村镇用地功能组织,它是村镇规划总体布局的核心问题。村镇活动概括起来主要有工作、居住、交通、休息四个方面。为了满足村镇上述各项活动的要求,就必须有相应的不同功能的村镇用地。它们之间,有的有联系,有的有依赖,有的则有干扰和矛盾。因此按照各类用地的功能要求以及相互之间的关系加以组织,使之成为一个协调的有机整体。

村镇在建设中,由于历史的、主观的、客观的多种原因,造成用地布局的混乱现象比较普遍,其根本原因是没有按其用地的功能进行合理的组织。因此,在村镇规划布局时,必须明确用地功能组织的指导思想,遵守村镇用地功能分区的原则。

(1)村镇用地功能组织必须以提高村镇的用地经济效益为目标。过去,有些村镇片面强调农业生产,轻视村镇建设,基本上不考虑功能的分区和合理组织,以致形成了村镇内拥挤混杂、村镇外分散零乱的村镇总体布局,大大降低了村镇的经济效益。另外,有些村镇存在着搞大马路、大广场,底层低密度的现象,浪费了大量的村镇建设用地,同样也降低了村镇用地的经济效益。因此,在村镇总体规划布局时,必须同时防止以上两种倾向,应该以满足合理的功能分区组织为前提,进行科学的用地布局。

(2)有利生产和方便生活。把功能接近的紧靠布置,功能矛盾的相间布置,搭配协调,便于组织生产协作,使货源、能源得到合理利用,节约能源,降低成本,为安排好供电、山下水、通讯、交通运输等基础设施创造条件。这样使各项用地紧凑集中,组织合理,以达到节省用地、缩短道路和工程管线长度、方便交通、减少建设资金的目的。另外,由于乡镇是一定区域内的物资交流中心,保证物资交换通畅也是发展生产、繁荣经济不可缺少的环节,在用地功能组织时也要给予考虑。

(3)村镇各项用地组成部分要力求完整、避免穿插。为避免不同功能的用地混在一起造成彼此干扰,布置时可以合理利用各种有利的地形地貌、道路河网、河流绿地的功能,合理地划分各区,使各部分面积适当,功能明确。

(4)村镇功能分区,应对旧村镇的布局采取合理调整,逐步改造完善。

(5)村镇布局要十分注意环境保护的要求,并要满足卫生防疫、防火、安全等要求。要使居住、公建用地不受生产设施、饲养、工副业用地的废水污染,不受臭气和烟尘侵袭,不受噪声的骚扰,使水源不受污染等。

(6)在村镇规划的功能分区中,要反对从形式出发,追求图面上的"平衡"。结合各村镇的具体情况,因地制宜地探求切合实际的用地布局和适当的功能分区。

三、镇区总体布局中的景观艺术

随着经济社会的快速发展,村镇建设将形成怎样的景观,是必须给予高度重视的问题。镇区景观是由村镇的建筑物、构筑物、道路、绿化、开放性空间等物质实体构成的空间整体视觉形象。镇区景观和城市景观是不同地域、不同规模,但是同一性质的问题。都是人工条件支配或控制了自然条件的一种环境。

镇区景观建设与镇区规划是有重要区别的。并不是作好了镇区规划就可以代替镇区景观建设,从而产生优美的镇区景观。从城市设计的角度看,镇区景观是四维地研究和解决建筑形式、色彩、质地等美学问题。在这方面有很多无可争议的实例。例如江南水乡的周庄,山西的王家大院、乔家大院,云南的丽江等都是因为景观特色才成为举世瞩目的旅游胜地的。

随着农民生活水平的不断提高,农民的居住环境需要改善,镇区景观建设应有较高的审美理念,镇区景观和自然景观组成的整体景观水平是一个村镇文明水平的重要体现。

镇区总体布局中的景观设计应既能体现不同的地域特色和人文风情,又能符合视觉美感的要求。注重各类构成景观的空间要素对村镇景观的影响。除了民居、公共建筑以外,院落、绿化、道路、桥梁、牌示等作为总体景观重要构成要素的各类构筑物的设立也要符合视觉美感的要求。

根据不同地区的空间自然地理特点,村镇景观可以考虑三种基本形态:

(1)风景名胜区内的村镇景观。这是最重要的景观形态,不仅关系到村镇自身形象,而且直接影响到风景名胜区的景观。本身处在风景之中,所以景观设计要遵从风景名胜景观的需要,要融入风景,互相因借,成为景观构成要素之一。

(2)平原地区的村镇景观。这部分地区地貌平坦,没有起伏变化,给村镇景观设计留出了广阔天地,相对于风景名胜区内的村镇景观来说,可以相对独立地考虑村镇景观。因此,每一个村镇都可以在体现区域总体风格统一:体现地方民居建筑语汇特点的前提下,体现个性变化。但都应该有符合人们视觉美感要求的聚散、疏密、错落、对比、曲直、主次等构图意识,有形式、密度、肌理的审美韵味。一个村落、一个小镇要有富于变化的天际线,有主景建筑或标志物,使村镇成为地景的高潮,主景建筑成为村镇景观的高潮。

(3)城市边缘地区的村镇景观。紧邻城市周边的村镇应该作为城市设计的内容来考虑,因其所处位置直接影响城市形象,在一定程度上是互相因借的关系,所以与风景名胜区内的村镇景观有相同的性质。但不同之处在于其景观形式上可以更加多样化,建设标准应该更高一些,形成园林化的村镇,把每个村镇都变成城市周边的花园。

当前,统筹城乡发展,其中包括在村镇景观建设为自己创造优美怡人的最佳人居景观环境,为村镇创造一流的景观形象。这体现了人的全面发展,也体现了城乡协调发展。同时也是改善村镇整体形象的重要工作。

四、镇区总体布局的方案比较

综合比较是城市规划设计的重要工作方法,在规划设计的各个设计阶段中都应进行多次反复的方案比较。考虑的范围和解决的问题可以由大到小、由粗到细、分系统、分步骤地逐个解决问题。抓住村镇发展和建设的主要矛盾,提出不同的解决办法和措施。防止解决问题的片面性和简单化,才能得出符合客观实际,用以指导城市建设的方案。

(一) 从不同角度多做不同方案

根据原始资料的调查,确定村镇性质,计算人口规模、拟定布局、功能分区和总体艺术构图的基本原则,提出不同的总体布局方案。对每个布局方案的各个系统分别进行分析、研究和比较。首先要抓住问题的主要矛盾,善于分析不同方案的特点,一般是对影响规划布局起关键作用的问题,提出多种可行的规划方案;其次是必须从实际出发,设想的方案应该是多种多样的,但真正实施的方案必须是符合实际的。此外,编制规划方案时,考虑问题的面要广,解决问题要足够深入,做到粗中有细,粗细结合。

一般来讲,新村镇的规划布局由于受现状条件的限制较少,通过各种不同的规划构思,分别采取不同的立足点和解决问题的条件与措施,可以作出不同的规划方案。对于原有的村镇,需要充分考虑现状条件的影响,从实际出发,针对主要问题提出多种规划方案。

(二)综合评定方案

方案比较是一项复杂的工作,每个方案都有各自的特点。通常评定方案时需要考虑和比较的内容有下列几项:村镇形态和发展方向;道路系统,工业用地、居住用地的选择;商业、行政、体育中心的选择;公园绿化系统;农业、生产用地的布局等。

在进行方案比较时,应从各种各样的条件中,抓住能起主要作用的因素。一般而言,把占地多少、特别是占用耕地的情况作为评定方案的重要条件之一。由于各村镇的具体条件不同,应根据具体情况区别对待。此外,近期建设投资是否经济,收效是否显著也具有同样重要的意义。

进行方案比较时必须从整体利益出发,全面考虑问题,对规划方案既要看到它有利的一面,也要看到它不利的一面,以免在规划布局上造成无法弥补的损失。随着规划工作的深入,还要进一步从生态、经济、空间结构、功能运转、应变能力等方面进行比较。

第四节 不同功能的镇区用地规划

一、居住建筑用地规划

(一)居住用地规划设计的基本任务和编制内容

居住区规划的基本任务简单地讲,就是为居民经济合理地创造一个满足日常物质和文化生活需要的舒适、卫生、安全、宁静和优美的环境。居住区内,除了布置住宅外,还须布置居民日常生活所需的各类公共服务设施、绿地、活动场地、道路、泊车场所、市政工程设施等。

居住区规划必须根据总体规划和近期建设的要求,对居住区内各项建设作好综合全面的安排。居住区规划还必须考虑一定时期经济发展水平和居民的文化背景、经济生活水平、生活习惯、物质技术条件以及气候、地形和现状等条件,同时应注意远近结合,不妨碍今后的发展。

居住区规划任务的编制应根据新建或改建的不同情况区别对待。村镇居住区规划编制一般有以下几个方面的内容:

(1)根据村镇总体规划确定居住区用地的空间位置及范围(注意与之相连的周边环境)。

(2)根据居住区人口数量确定居住区规模、用地大小。

(3)拟定居住区内居住建筑类型(包括层数、数量、布置方式),公共建筑的规模大小(包括商店、幼儿园、中小学、居委会等)、分布位置。

(4)拟定各级道路的宽度及连接方式。

(5)拟定公共活动中心位置、大小。

(6)拟定绿化用地、老人、儿童活动用地的数量、分布和布置方式。

(7)拟定给排水、煤气、供配电等相关工程规划设计方案。

(8)根据现行有关国家规定拟定各项技术经济指标以及预算、估算。

(二)居住用地规划设计的基本要求

(1)使用要求。为了满足居民生活的多种需要,必须合理确定公共服务设施的项目、规模及其分布的方式,合理地组织居民室外活动、休息场地、绿地和居住区的内外交通等。

(2)环境要求。居住区要求有良好的日照、通风等条件,以及防止噪声的干扰和空气的污染等。

防止来自有害工业的污染,从居住区本身来说,主要通过正确选择居住区用地。而在居住区内部可能引起空气污染的有:锅炉房的烟囱、炉灶的煤烟、垃圾及车辆交通引起的噪声和灰尘等。为防止和减少这些污染源对居住区的污染,除了在规划设计上采取一些必要的措施外,最基本的解决办法是改善采暖方式和改革燃料的品种。在冬季采暖地区,有条件的应尽可能采用集中供暖的方式。

(3)安全要求。为居民创造一个安全的居住环境。居住区规划除保证居民在正常情况下,生活能有条不紊地进行外,同时也要能够适应那些可能引起灾害发生的特殊和非常情况,如火灾、地震、敌人空袭等。因此,必须对可能产生的灾害进行分析,并按照有关规定,对建筑的防火、防震构造、安全间距、安全疏散通道与场地、人防的地下构筑物等作必要的安排,使居住区规划能有利于防止灾害的发生或减少其危害程度。

1)防火。为了保证一旦发生火灾时居民的安全,防止火灾的蔓延,建筑物之间要保持一定的防火间距。防火间距的大小与建筑物的耐火等级、消防措施有关。建筑物之间的防火间距,应符合国家建筑设计防火规范(GB 50016—2006)。民用建筑的最小防火间距如表3-7所示。

表3-7 民用建筑的最小防火间距

单位:m

耐火等级	一、二级	三级	四级
一、二级	6.0	7.0	9.0
三级	7.0	8.0	10.0
四级	9.0	10.0	12.0

注:①两座建筑物相邻较高一面外墙为防火墙或高出相邻较低一座一、二级耐火等级建筑物的屋面15m范围内的外墙为防火墙且不开设门窗洞口时,其防火间距可不限。

②相邻的两座建筑物,当较低一座的耐火等级不低于二级、屋顶不设置天窗、屋顶承重构件及屋面板的耐火极限不低于1h,且相邻的较低一面外墙为防火墙时,其防火间距不应小于3.5m。

③相邻的两座建筑物,当较低一座的耐火等级不低于二级,相邻较高一面外墙的开口部位设置甲级防火门窗,或设置符合现行国家标准《自动喷水灭火系统设

计规范》(GB 50084)规定的防火分隔水幕或国家建筑设计防火规范(GB50016—2006)第7.5.3条规定的防火卷帘时,其防火间距不应小于3.5m。

④相邻两座建筑物,当相邻外墙为不燃烧体且无外露的燃烧体屋檐,每面外墙上未设置防火保护措施的门窗洞口不正对开设,且面积之和小于等于该外墙面积的5%时,其防火间距可按本表规定减少25%。

⑤耐火等级低于四级的原有建筑物,其耐火等级可按四级确定;以木柱承重且以不燃烧材料作为墙体的建筑,其耐火等级应按四级确定。

⑥防火间距应按相邻建筑物外墙的最近距离计算,当外墙有凸出的燃烧构件时,应从其凸出部分外缘算起。

村镇居住区建筑以多层为主。目前基本不存在高层建筑的防火问题。

街区内的道路应考虑消防车的通行,其道路中心线间的距离不宜大于160m。当建筑物沿街部分的长度大于150m或总长度大于220m时,应设置穿过建筑物的消防车道。当确有困难时,应设置环形消防车道。

有封闭内院或天井的建筑物,当其短边长度大于24m时,宜设置进入内院或天井的消防车道。有封闭内院或天井的建筑物沿街时,应设置连通街道和内院的人行通道(可利用楼梯间),其间距不宜小于80m。

室外消火栓应沿道路设置。当道路宽度大于60m时,宜在道路两边设置消火栓,并宜靠近十字路口;室外消火栓的间距不应大于120m;室外消火栓的保护半径不应大于150m。经济上暂时不具备完整布置完整消防设施的村镇,应在主要公共建筑附近设置消防设施。在150m消火栓服务半径范围内的居民住宅当中应考虑取水口。

2)防震灾。在地震区,为了把灾害控制到最低程度,在进行居住区规划时,必须考虑以下几点:

①居住区用地的选择,应尽量避免布置在沼泽地区、不稳定的填土堆石地段、地质构造复杂的地区(如断层、风化岩层、裂缝等)以及其他地震时有崩塌、陷落危险的地区。

②居住区道路应平缓畅通,便于疏散,并布置在房屋倒塌范

围之外,避免死胡同。应考虑适当的安全疏散用地,便于居民避难和搭建临时避震棚屋。安全疏散用地可结合公共绿化用地、学校等公共建筑的室外场地设置。

③房屋体型应尽可能简单,同时还必须采用合理的层数、间距和建筑密度。

3)防空。目前对村镇规划的人防问题考虑较少。对于人防建筑的定额指标,目前还无统一规定。但本着"平战结合"的原则,建议规划设计时可考虑一部分建筑物和平时期作为公共辅助设施,战争时期可转化为人防建筑,这就要求设计时按照国家人防规范设计。

4)经济要求。合理确定居住区内住宅的标准以及公共建筑的数量、标准。降低居住区建设的造价和节约土地是居住区规划设计的一个重要任务。

怎样衡量一个居住区规划的经济合理性?一般除了一定的经济技术指标控制外,还必须善于运用多种规划布局的手法,为居住区建设的经济性创造条件。

5)美观要求。村镇居住区是村镇总体形象的重要组成部分。居住区规划应根据当地建筑文化特征、气候条件、地形、地貌特征,确定其布局、格调。居住区的外观形象特征要由住宅、公共设施、道路的空间围合,建筑物单体造型、材料、色泽所决定。

现代村镇居住区规划应摆脱"小农"思想,应反映时代的特征,创造一个优美、合理、注重生态平衡、可持续发展的新型居住环境。

(三)居住建筑的规划布置

居住建筑的规划布置是居住区规划设计的主要内容。居住建筑及其用地不仅量多面广(居住建筑面积约占居住区总建筑面积的80%以上,用地则占居住区总用地面积的50%左右),而且在体现镇区面貌方面起着重要作用,因此,在进行规划布置之前,首先要合理地选择和确定居住建筑的类型。

（1）居住建筑类型的选择。居住类型的选择大致可分为农房型和城市型两类。随着城市化进程的飞快发展，城市型住宅在村镇居住区的比例也越来越大，但由于村镇用地相对城市用地较为宽松，所以村镇住宅一般层次多为三、四层，每户建筑面积也较大。下面就两类住宅的特点分述如下：

1）农房型住宅。我国地域辽阔，各地地形、气候条件并不相同。为适应各种地形、气候的条件，就必然要出现多种类型的住宅。另外，就是同一地区的居住对象，由于从事副业不同，他们对住宅的要求也不同。目前，我国农房型住宅类型有以下几种：

①别墅式。这种类型一般适合家庭人员较多，建筑面积在100m2以上的住宅。目前，经济条件较好的地区采用此种类型较多。但这种类型住宅不利于提高土地利用率，且单体造价也较高。

②并联式。当每户建筑面积较小，单独修建独立式不经济时，可将几户联在一起修建一栋房子，这种形式称为并联式。它比较适合于成片规划、开发。这样既可节约土地，还可节约室外工程设备管线，降低工程总造价。

③院落式。当每户住宅面积较大、房间较多又有充足的室外用地时，可采用院落式。根据基地大小，可组成独用式或合用院落。南方地区，人们特别喜欢将院子分成前后两个：前院朝南，供休息起居或招待客人，种花植草、养鸟喂鱼，是美化的重点；后院主要是菜园和家禽饲养区。院落式给用户提供的居住环境较接近自然，比较受人欢迎。我国农村大多采用此种形式。

2）城市型住宅。所谓城市型住宅就是单元式住宅。由于单元式住宅建筑紧凑，便于成片规划、开发，有利于提高容积率、节约土地，所以近年来这种类型的住宅在村镇居住小区内已大量运用。另外，从村镇居住区可持续发展的眼光来看，单元式住宅成片建设也有利于工程设备管线的铺设，且大大节约了管线长度，又便于管理。

由于农村居民的生活习惯和生产方式与城市居民不同，所以必须通过调查研究，单独进行设计，决不能照搬城市的单元式住宅。

（2）居住建筑的规划布置。居住建筑的规划布置与建筑朝向和日照间距的要求关系紧密，而居住区的面貌往往取决于住宅群体的组合形式及住宅的造型、色彩等。

1）建筑朝向和日照间距的要求。建筑朝向和日照要求历来都是被居民所看重的，朝向的好坏、日照时间的长短大大影响着居民的生活质量。如何处理好两者之间的关系，主要是通过对建筑物进行不同方式的组合以及利用地形和绿化等手段来实现。山地还可借用南向坡地缩小日照间距。

2）居住区建筑的平面布置。居住区建筑的平面布置类型较多，选择哪种类型一般要根据当地环境、风向、日照等条件进行考虑，规划师的设计指导思想也起着很大作用。下面列举几种布置形式和处理手法。

①周边式布置。建筑环绕院落成周边布置，这样形成中部较大的几乎封闭的公共空间。这种形式比较节约土地，院落可布置绿化，提供给居民一个良好的休憩交往场所。缺点是：这种布置易形成大量的东西向居室，在炎热的南方地区不宜用，但北方地区可用来挡风沙，减少院内积雪。

周边式的布置形式很多，有单周边、双周边、半周边等，院落组成大、小、方、圆各异，组团间相互接合，组成丰富的空间序列，如图3-2所示。

②行列式布置。我国大多数地区属温带和亚热带，而且居住面积不大，建筑设备标准较低，住户普遍喜欢南北向的单元。朝南布置的行列式住宅，夏季通风良好，冬季日照最佳，是我国目前广泛采用的一种布置形式。但这种布置形式往往容易造成居住区形式单调呆板，为了组织好行列式布置的空间，规划师在实践中创作了各种不同样式的行列式布置方式，既保持了它的良好朝向，又取得丰富变化的空间效果。采用和道路平行、垂直、呈一定角度的布置方法产生街景的变化。建筑物之间采用相互平行和相互交错等布置方式，采用不同角度的建筑组合成不同形状的公共活动绿化空间，如图3-3所示。

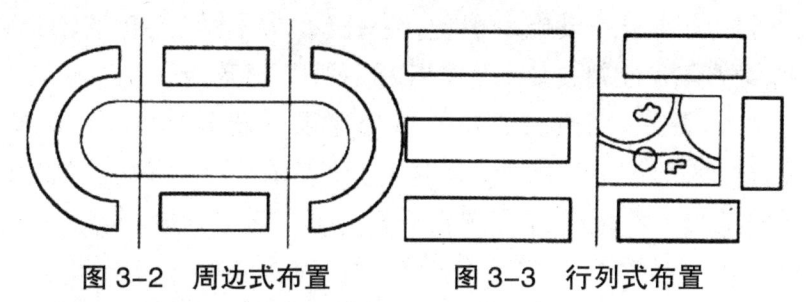

图 3-2　周边式布置　　　图 3-3　行列式布置

⑧其他形式。除以上两种常用的形式外,还有多种组合形式,如:半周边、行列混合式、点式;点和周边、半周边、行列的混合式;采用平面凹凸变化复杂的建筑单体,或用不同层数和体量的对比进行配置,构成富于变化的组团空间,如图3-4所示。

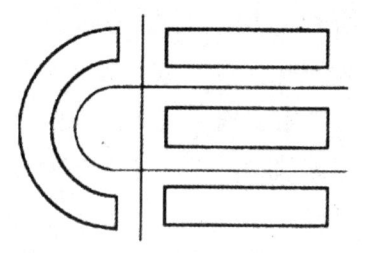

图 3-4　混合式布置

④散点式布置。建筑的布置不强调形成组团及其公共空间,而采取单独式、几幢一组的散点布置,这种布置在地形起伏变化较大的地段常被采用。散点式布置并不是随意的,经过规划的散点布置,同样能形成有序变化的空间构图。但规划不当,则容易杂乱无章。因此,变化中求统一是它的注意点。

⑤里弄式布置。这种住宅多为二、三层,可串联成连排住宅,建筑多为内向型,用内天井采光通风,冬暖夏凉,是村镇常见的形式。这种形式密度较高,节约道路用地,形成不受交通干扰的居住里弄空间。但是在采光、通风、日照等方面,低于上述几种形式。

(3)居住区外部环境的规划设计。居住区中心的内容主要以公共服务设施为主,辅之以小品、绿化等。公共服务设施的多少、规模大小,取决于居住区的等级、规模。居住中心环境是居住区的核心,是居住区居民休息、日常生活需求及交往的场所,也是居住区的特色所在。

居住公共服务设施一般包括：托幼、中小学、文化活动站、粮油店、菜场、综合副食店、理发店、储蓄所、邮政所、卫生院、车库、物业管理、浴室、居委会等。这些公建项目众多,性质各异,规划布置时应区别对待。例如,卫生院应布置在环境比较安静且交通方便的地方；教育机构宜选在安静地段,其中学校,特别是小学要保证学生上学不穿过干道；商业服务、文化娱乐及管理设施除方便居民使用外,宜相对集中地布置,形成生活活动中心。居委会作为群众自治的组织,应与辖区内居民有方便的联系。

居民休憩、交往的场所一般以草地、绿化、水池、小品为主,这里环境优美、接近自然,是老人、儿童经常休息、嬉戏的场所,也是设计者设计时用心所在。绿地规划是居住中心环境设计的主要部分。

居住中心的绿地规划要符合下列原则：

1）结合整个居住区规划,统一考虑与住宅、道路绿化形成点、线、面结合的绿地系统；

2）公共绿地应考虑不同年龄的居民、老年人、成年人、青少年及儿童活动的需要,按照他们各自活动的规律配备设施,并有足够的用地面积安排活动场地、布置道路和种植；

3）植物是绿化构成的基本要素,植物种植不仅可以美化环境,还有围合户外活动场地的作用。植物种植应有环境识别性,创造具有不同特色的居住区景观。

（4）居住区技术经济指标。居住区建筑经济指标主要包括建筑面积、建筑密度和居住密度。

1）建筑面积。包括使用面积、辅助面积和结构面积三项。

2）建筑密度。指建筑物基底占地面积与建筑用地面积的比率,一般以百分比表示。它可以反映一定用地范围的空地率和建筑物的密集程度。即：

$$建筑密度 = \frac{建筑物基底占地面积}{建筑用地面积} \times 100\%$$

3）居住密度。指在每公顷用地内的居住密度。包括：人口密度、住宅建筑密度、住宅居住面积密度、住宅套数密度。目前，农村和城市的用地日趋紧张，节约土地是城镇规划的主要原则之一。大量的村镇建筑，大量小城镇的兴建和扩大，需要占用大量的土地。因此，节约用地已经刻不容缓，必须给居住区规划提供一个合理的经济指标。所谓"合理"，即根据居住区具体情况，确定一个经济密度，既能满足居民的正常生活需求，又能节约用地。这里，高密度能大大节约用地。

提高密度的方法有以下几点：增加层数；加大房屋的进深；加大房屋的长度；改变建筑的排列、组织方式；缩小建筑间距；住宅与公共建筑合建，如住宅的底层作商店等；降低建筑层高；北退台住宅。

为节约用地，我国村镇居住区建设应适当提高住宅层数。我国人多地少，从目前各省市所拟定的各项密度指标来看，与其他国家相比，密度指标是相当高的。所以，衡量指标的标准不是什么高密度、低密度，而应是一个合理的密度。

（四）居住用地道路系统规划

（1）居住区道路的功能和分级。居住区道路的功能一般分为以下几个方面：

1）居民的日常生活交通需要，这是主要的。目前我国发达地区的村镇居住区道路已经不单纯考虑自行车、摩托车等交通工具了，而要把小汽车的要求提到设计上来；

2）通行清除垃圾、运送粪便、递送邮件等车辆；

3）满足铺设各种工程管线的需要；

4）居住区道路的走向和线型对居住区建筑物的影响较大，对居住区的空间序列的组织，小品、景点的布置也有影响。

除了以上一些日常的功能要求之外，还要考虑一些特殊情况，如便于救护、消防、搬家具等车辆的通行。

根据以上道路功能要求及居住区规模大小，居住区道路一般分为三级：

第一级，居住区级道路，是用来解决居住区的对外交通联系。车行道宽度不应小于 7～9m；

第二级，组团级道路，用于解决住宅组团的内外联系。车行道宽度一般为 4～5m；

第三级，宅间小路，即通向住户单元入口的小路。其宽度一般为 3m。

此外，在居住区内还有专供步行的林阴步道，其宽度根据规划设计的要求而定。

（2）居住区道路规划设计的基本要求。

1）居住区内道路主要是为居住区本身服务。道路面的幅度取决于其功能等级。为了保证居民区居民的安全和安静，过境交通不能穿越居住区。居住小区、居住区本身也不宜有过多的车道出口通向交通干道。出口间距不应小于 150m。

2）应充分利用和结合地形，如尽可能结合自然分水线和汇水线，以利雨水排除。在南方多河地区，道路宜与河流平行或垂直布置，以减少桥梁和涵洞的投资；在丘陵地区则应注意减少土石方工程量，以节约投资。

3）车行道一般应通到住宅建筑的入口处，建筑外墙面与人行道边缘的距离应不小于 1.5m，与车行道的距离不小于 3m。

4）尽端式道路的长度不宜超过 120m，尽端处应便于回车。

5）车道宽度为单车道时，每隔 150m 左右应设置车辆互让处。

6）道路宽度应考虑工程管线的合理敷设。

7）道路的线型、断面等应与整个居住区规划结构和建筑群体的布置有机地结合。

（3）居住区道路系统的基本形式。道路系统的形式应根据地形、现状条件、周围交通情况及规划结构等因素综合考虑，而不应着重追求形式和构图。

居住区的道路系统形式根据不同的交通组织方式可分为三种组织形式：

1）人车分流的道路系统。这种形式就是让人行道、车行道完全分开设置,交叉口处布置立交。它的优点是疏散快,比较安全,但投资大。

2）人车混行的道路系统。这种形式在我国用的较多。投资比较小,但疏散效率低。

3）人车部分分流的道路系统。该形式结合上述两种形式的优点,并结合居住区的功能分区内的人流量、车流量多少作综合考虑。但人行道与车行道交叉口不设立交。

（4）居住区道路规划设计的经济性。道路的造价占居住区配套工程造价的比例较大。因此,规划设计中应考虑满足正常使用的情况下,如何减少不必要的浪费,如何控制好道路长宽和道路面积大小。道路的经济指标一般以道路线密度（道路长度/居住区总面积）和道路面积密度（道路面积除居住区总面积）来表示。研究表明:

居住区面积增大时,单位面积的道路长度和面积均有显著下降。小区的平面形状对其影响也很大,正方形较长方形经济。

居住小区面积的大小对单位面积的组团内道路长度、面积影响不大,而路网形式的各种布置手法对指标影响较大,如采用尽端式、道路均匀布置,则经济指标明显下降。

二、公共建筑用地规划

（一）镇区公共中心布局

镇区公共中心布局主要是确定村镇公共中心各主要功能部分的位置和组合,必须充分考虑中心的选址、功能分区和与住宅的关系三个因素,同时注意因地制宜,充分发挥民族特色、地方特色、时代特色,以创造丰富多彩、个性鲜明的新时期中国村镇特色。

镇区中心在村镇中有居中布置和居边布置两种形式。

规模较大的村镇,村镇中心多位于村镇的地理中心,居民离中心的距离比较均匀,居住区主要道路汇集于此,中心的布局不需有方向性,常常围绕广场、绿地组织公共建筑群,采用成片集中布局的形式。当汇集在中心的道路功能有主次分工时,常常在主要道路上沿街布置部分商店,与人流主要来源方向呼应,采用以片状为主,线状、片状混合布局的形式。

规模较小的村镇,村镇中心也常布置在村镇的边缘,通往村镇外的主要道路上。这个位置交通方便,便于居民购物,也便于附近农民购物。通常中心布局需要开敞,多采用商业街的布局形式。中心选择在村镇主要入口的内部道路时,公共建筑可以沿街两侧布置;在外部主干道上时,则采用沿街单侧布置;当村镇中心项目内容较多时,多满足不同功能要求,缩短沿街长度,则多采用沿街线状、片状混合布局的形式,商业设施沿街线状布置,文化设施则采用片状布置。

(二)镇区公共建筑的配置与布置

(1)镇区公共建筑的配置

镇区是农村一定区域的政治、经济、文化和服务的中心,是联系城市与农村的纽带,它的建设既要面向农村,有利于生产,方便居民生活,繁荣村镇经济;又要城乡结合,促进城乡物资交流;还要考虑到新时期城乡差别缩小,为村镇居民不断增长的物资和文化生活水平需要创造条件。因此,镇区公共建筑项目的配置,除应考虑到服务于城镇居民之外,还应兼顾到广大农村居民的需求。镇区公共建筑项目的配置应依据村镇的类别和层次,并充分发挥其地位职能的需要而定,项目配置如表3-8所示。

表3-8 镇区公共建筑项目配置

类别	项目	中心镇	一般镇	中心村	基层村
行政管理	1.人民政府、派出所	●	●		
	2.法院	○			
	3.建设、土地管理机构	●	●		
	4.农、林、水、电管理机构	●	●		

第三章 集镇镇区建设规划

类别	项目	中心镇	一般镇	中心村	基层村
行政管理	5. 工商、税务所	●	●		
	6. 粮管所	●	●		
	7. 交通监理站	●			
教育机构	8. 居委会、村委会	●	●	●	
	9. 专科院校	○			
	10. 高级中学、职业中学	●	○		
	11. 初级中学	●	●	○	
	12. 小学	●	●	●	
	13. 幼儿园、托儿所	●	●	●	○
文化科技	14. 文化站(室)、青少年之家	●	●	○	○
	15. 影剧院	●	○		
	16. 灯光球场	●			
	17. 体育场	●	○		
	18. 科技站	●			
医疗保健	19. 中心卫生院	●			
	20. 卫生院(所、室)		●	○	○
	21. 防疫、保健站	●	●		
	22. 计划生育指导站	●	●	○	
商业金融	23. 百货店	●	●	○	○
	24. 食品店	●	●	○	
	25. 生产资料、建材、日杂店	●	●		
	26. 粮店	●	●		
	27. 煤店	●	●		
	28. 药店	●	●		
	29. 书店	●	●		
	30. 银行、信用社、保险机构	●	●	○	
	31. 饭店、饮食店、小吃店	●	●	○	○
	32. 旅馆、招待所	●	●		
	33. 理发室、浴室、洗染店	●	●	○	
	34. 照相馆	●	●		
	35. 综合修理、加工、收购店	●	●	○	
	36. 粮油、土特产市场	●	●		
	37. 蔬菜、副食市场	●	●	○	

续表

类别	项目	中心镇	一般镇	中心村	基层村
集贸设施	38. 百货市场	●	●		
	39. 燃料、建材、生产资料市场	●	○		
	40. 畜禽、水产市场	●	○		

注：表中●为应设的项目，○为可设的项目。

（2）镇区公共建筑规划布置的基本要求。根据我国村镇的特点，公共中心通常就是公共建筑集中布置的村镇中心，村镇公共建筑布置的基本要求是：

1）行政办公建筑，如各级党政机关、社会团体、法院等办公楼，往往要求有明朗而静穆的气氛，要求交通通畅，而不宜于商业金融、文化设施毗邻，以避免干扰，创造良好的办公环境。

2）商业、服务业、银行、保险机构、派出所等应考虑集中布置在村镇中心，同时应充分考虑村镇中-心道路的布置，以便周围的农民出入村镇中心的方便，这就要求根据村镇用地的组成、规划布局特点、地形条件和村镇规模等因素，综合考虑予以确定。

对原有村镇中心进行改建或扩建时，要深入调查，充分掌握村镇中心形成的过程和特点，特别注意保留优秀的地方传统的布局形式和建筑特点。

3）由于各项商业服务设施都有不同的合理服务半径，因此，其布局应以商业自身经营规律为依据，采取既集中又分散的方式，灵活布局，以方便生活、有利经营。

4）文化科技建筑，如影剧院、俱乐部、体育馆、运动场和科技站等，需要较大的场地，应布置在交通流畅、来往方便的地区。这类建筑一般都具有一定的特有面貌，有的有空阔的场地，应注意与周围环境和其他建筑群相呼应、相配合。这些设施又有大量的周期性人流的集散，应满足组织交通及人流疏散的要求。

5）学校是村镇公共建筑中占地面积和建筑面积较大的项目，其位置直接影响着村镇中心的布局。学校应设在阳光充足、空气流通、场地干燥、排水流畅、地势较高、环境安静的地段，距离铁路

第三章 集镇镇区建设规划

干线应大于300m，主要入口不应开向公路。

学校不宜设在有污染的地段，不宜与市场、公共娱乐场所、医院太平间等不利于学生学习和身心健康以及危及学生安全的场所毗邻。

6）学校以及文体、科技等设施可考虑与公共绿地等相邻布置，这样既能结合使用功能的要求，又能体现村镇良好的精神文明风貌。

7）医疗保健建筑，如卫生院、门诊所、防疫站、计划生育指导所等，应有安静的造型，对环境的要求也较高，一般不宜布置在交通繁忙和喧嚣的地方，也不宜靠近干道或广场。其周围宜以绿化做适当的隔离、隐蔽，使其具有清雅而富有生气的气氛。

8）集贸设施的位置应综合考虑居民的方便，以及农民进入市场的便捷，并有利于人流和商品的集散。影响村镇市容环境和易燃、易爆的商品市场，应设在集镇的边缘，并应符合卫生、安全防护的要求。

3. 镇区广场设计

广场是供人们活动的空间，是车辆和行人交通的枢纽，在道路系统中占有重要的地位，同时也是村镇政治、经济、文化活动的场所。广场周围一般布置一定的重要建筑物和设施，集中表现村镇的地方特色和风貌。

镇区广场面积的大小和形状的确定，与广场的类型、广场建筑的性质、广场建筑物的布局及交通流量有密切关系。小村镇的镇区广场不宜规划得太大。片面地追求大广场，不仅在经济上不合理，而且在使用上也不方便，也不会产生好的空间效果。

（1）广场的面积和比例尺度。广场的面积取决于广场的性质及其地位。集会、商业、休闲类广场主要取决于广场上的人流量和停留时间。交通类广场主要取决于交通构成、交通量以及广场周围道路的性质等。此外，广场还应有相应的配套设施，如停车场、绿化、公用设施等，还要考虑自然条件及广场艺术空间的比例尺度要求。

广场的比例尺度,包括广场的用地形状、广场面积与广场上建筑物的体量之比,广场的整个组成部分和周围环境,如地形地势、道路以及其他相关部分的比例关系。广场的尺寸应根据广场的功能要求、规模和人的活动要求而定。踏步、石级、人行道的宽度,应根据人的活动要求有较小的尺度。车行道宽度、停车场的面积等符合人和交通工具的尺度。

（2）广场上建筑物的布置。建筑物是构成广场的重要因素,主要建筑物、附属建筑物和其他各种设施的有机结合,形成广场的主体。

广场性质决定主要建筑物的功能,主要建筑物的布置是广场规划设计的重要工作。通常布置方式有以下几种：

1）主要建筑物布置在广场中心

主要建筑物布置在广场中心时,它的四个方向都是主要的观赏面。当广场四周均为干道时不宜采用此种方式。

2）主要建筑物布置在广场周边

主要建筑物布置在广场周边,通常主立面应对着主入口方向。广场周边主要建筑物布置得越少,广场就显得越开阔；主要建筑物越多,广场围合感就越强,合适的尺度会给人亲切感、安全感,但不合适的尺度会给人封闭感。

（3）广场的交通组织。广场、建筑物是通过道路进行有机联系的,交通组织的目的主要在于使车流通畅、行人安全、管理方便。如何有效地利用道路进行交通联系,同时又避免对交通的干扰,并不与交通脱离,是广场设计中需要重点解决的问题。

（4）广场上设施的布置。广场的照明、音响、给排水等设施,是广场的重要组成部分。良好的设施是广场各项功能正常发挥的有效保障,此外广场上的照明灯柱、灯具、灯光也是景观的一部分。

（5）广场上的地面铺装与绿化。广场上的地面铺装可以起到分隔、标识、引导作用；可以通过铺装给人以尺度感；通过图案的处理将广场设施、绿化与建筑物有机地联系起来,以构成广场整体的美感。

铺地的图案处理主要有：

1）图案整体设计。将广场铺地图案进行整体设计，这样做易于统一广场的各要素，并易于取得广场的整体空间感。功能较为单一的广场采用这种布置，常能取得意想不到的效果。

2）图案分区设计。对于多功能的广场，铺地宜采用不同图案、不同材料或不同色彩进行分区或分块铺装，以标识不同的功能分区。

绿化种植是美化广场的重要手段，它不仅能增加广场的表现力，还具有一定的改善生态环境的作用。在规整形的广场中多采用规则式的绿化布置，在不规整形的广场中采用自由式的绿化布置，在靠近建筑物的地区宜采用规则式的绿化布置。绿化布置应不遮挡主要视线，不妨碍交通，并与建筑构成优美的景观。绿化也可以遮挡不良的视线和地方障景。应该大量种植草地、花卉、灌木和乔木，考虑四季色彩的变化，丰富广场的景色。

三、道路用地规划

（一）镇区交通特点及道路分类

1. 村镇道路交通的主要特点有下列六个方面：

（1）交通运输工具类型多、行人多。村镇道路上的交通工具主要有摩托车、三轮车、面包车等机动车，还有自行车、畜力车等非机动车，这些车辆的大小、长度、宽度差别大，特别是车速差别很大，在道路上混杂行驶，相互干扰大，对行车和安全均不利。村镇居民外出除使用自行车外，大部分为步行，这更造成了交通的混乱。

（2）道路基础设施差。村镇大部分是自然形成的，有的近期曾进行过规划，但也常是"长官规划"，缺乏科学的总体规划设计，其道路性质不明确，道路断面功能不分，技术标准低，往往是人行道狭窄，或人行道挪作他用，甚至根本未设人行道，只是人车混行。由于村镇的建设资金有限,在道路建设中过分迁就现状,尤其是在地段复杂的村镇中,道路平曲线、纵坡、行车视距和路面质量等,大多不符合规定的标准。有些村镇还有过境公路穿越中心区,这样不但使过境车辆通行困难,而且加剧了村镇中心的交通混乱。

（3）人流、车流的流量和流向变化大。随着市场经济的深入,乡镇企业发展迅速,村镇居民以及迅速增多的"离土不离乡"亦工亦农的非在册人口,使得村镇中行人和车辆的流量大小在各个季节、一周和一天中均变化很大,各种车辆流向均不固定,在早、中、晚上下班时造成人流、车流集中,形成流量高峰时段。

（4）交通管理和交通设施不健全。村镇的交通管理人员少,交通体制不健全,交通标志、交通指挥信号等设施缺乏,致使交通混乱,一些交通繁忙道路常常受阻。

（5）缺少停车场,道路违章建筑多。村镇中缺少专用停车场,加之管理不够,各种车辆任意停靠,占用了车行道与人行道,造成道路交通不畅。道路两侧违章搭建房屋多,以及违章摆摊设点、占道经营多,造成交通不畅。

（6）车辆增长快,交通发展迅速。随着社会主义市场经济深入持久地发展,村镇经济繁荣,车流、人流发展迅速,致使村镇道路拥挤、交通混乱,同时也对村镇道路的发展提出更高的要求。

以上所述,反映当前我国村镇交通的特点,表明当前交通已不能适应村镇经济的发展。产生这些问题的原因,除了村镇原有的交通道路基础较差外,主要还有以下几点因素：

其一,对村镇建设中的基础设施的地位认识不足,长期以来重生产建设,轻基础设施建设,认为基础设施建设是服务性的,放在从属的地位上。事实证明,村镇基础设施的建设是村镇产业建设的基础,是基础产业之一;

其二,对村镇规划、村镇道路规划与治理缺乏统一的认识,缺乏有力的综合治理手段,村镇道路交通与村镇对外交通之间很不协调,各自为政。对村镇的车流和人流,缺乏动态分析,难以作出

第三章　集镇镇区建设规划

符合客观实际需要的道路规划；

其三,治理村镇交通的着眼点放在机动车上,而对村镇大量的自行车、行人和一定数量的畜力车管理不够,忽视车辆的停放问题。

2. 村镇道路的分类

村镇道路规划应根据村镇之间的联系和村镇各项用地的功能、交通流量,结合自然条件与现状特点,确定道路系统,并有利于建筑布置和管线敷设。村镇所辖地域范围内的道路按主要功能和使用特点应划分为公路和村镇道路两类。

（1）公路。公路是联系村镇与城市之间、村镇与村镇之间的道路,应按现行的交通部标准《公路工程技术标准》(JTG B01—2003)的规定（表3-9）来进行规划。公路按使用任务、性质和交通量分为两类五个等级。

1）高速公路。具有特别重要的政治、经济意义,专供汽车分道高速行驶并控制全部出入的公路。一般能适应按各种汽车折合成小客车的年平均昼夜交通量为25000辆以上,计算行车速度为60～120km/h。

2）一级公路。联系重要政治、经济中心,或大在矿区、港口、机场等专供汽车分道快速行驶并部分控制出入的公路。一般能适应按各种汽车（包括摩托车）折合成小客车的年平均昼夜交通量为10000～25000辆,计算行车速度为40～100km/h。

3）二级公路。联系政治、经济中心或大工矿区、港口、机场等地的专供汽车行驶的公路。一般能适应按各种汽车（包括摩托车）折合成中型载重汽车的年平均昼夜交通量为4500～7000辆,计算行车速度为40～80km/h。

4）三级公路。沟通县以上城市,运输任务较大的一般公路。一般能适应按各种车辆折合成中型载重汽车的年平均昼夜交通量为2000辆以下,计算行车速度为30～60km/h。

表 3-9 各类公路主要技术指标汇总

公路等级	高速公路			汽车专用公路					一般公路				
地形	平原、微丘	重丘	山岭	平原、微丘	山岭、重丘	平原、微丘	山岭、重丘	平原、微丘	山岭、重丘	平原、微丘	山岭、重丘	平原、微丘	山岭、重丘	四 平原、微丘	山岭、重丘
计算行车速度/(km/h)	120	100	80	100	60	80	40	80	40	60	30	40	20
行车道宽度/m	2×7.5	2×7.5	2×7.5	2×7.5	2×7.0	8.0	7.5	9.0	7.0	7.0	6.0	7.0	3.5
路基宽度/m 一般值	26.0	24.5	23.0	24.5	21.5	11.0	9.0	12.0	8.5	8.5	7.5	6.5
变化值	24.5	23.0	21.5	23.0	20.0	12.0	-	-	-	-	-	4.5
极限最小半径/m	650	400	250	400	125	250	60	250	60	125	30	60	15
停车视距/m	210	160	110	160	75	110	40	110	40	75	30	40	20
最大纵坡/%	3	4	5	6	7	5	7	6	7	8	8	9
桥涵设计车辆荷载	汽车-超20级 挂车-120	汽车-超20级 挂车-120	汽车-超20级 挂车-120	汽车-超20级 挂车-120	汽车-超20级 挂车-100	汽车-超20级 挂车-100	汽车-超20级 挂车-100	汽车-超20级 挂车-100	汽车-超20级 挂车-100	汽车-10级 挂车-50

5）四级公路。沟通县、乡（镇）、村，直接为农业运输服务的公路。一般能适应按各种车辆折合成中型载重汽车的年平均昼夜交通量为200辆以下，计算行车速度为20～40km/h。

以上五个等级的公路构成全国公路网，其中二级公路相互交叉，既有汽车专用公路，又有一般公路。

（2）镇区道路。镇区道路是镇区各个组成部分的联系网络，是镇区的骨架与"动脉"。镇区道路应按国家建设部《镇规划标准》（GB50188—2007）的规定来规划。根据镇区的层次与规模，镇区道路按使用任务、性质和交通量大小分为四级，见表3-10。

表3-10 镇区道路规划技术指标

规划技术指标	道路级别			
	主干路	干路	支路	巷路
计算行车速度/（km/h）	40	30	20	—
道路红线宽度/m	24～36	16～24	10～14	—
车行道宽度/m	14～24	10～14	6～7	3.5
每侧人行道宽度/m	4～6	3～5	0～3	0
道路间距/m	≥500	250～500	120～300	60～150

注 ①镇区的道路应分为主干路、干路、支路、巷路四级。
②道路广场用地占建设用地比例应符合"建设用地比例表"中的规定。
③镇区道路系统的组成应根据镇的规模分级和发展需求按下表确定。

表3-11 村镇道路系统组成

规划规模分级	道路级别			
	主干路	干路	支路	巷路
特大、大型	●	●	●	●
中型	○	●	●	●
小型		○	●	●

注：表中●——应设的级别；○——可设的级别。

对村镇内部道路系统的规划，要根据村镇的层次与规模、当地经济特点、交通运输特点等综合考虑，一般可按表3-11的要求设置不同级别的道路。在道路规划时，应注意远近结合并留有余地，如由于资金不足等问题也可分期实施。

（二）镇区道路系统规划

1. 村镇道路系统规划的基本要求

村镇道路系统是以村镇现状、发展规模、用地规划及交通运输为基础,还要很好地结合自然地理条件、村镇环境保护、景观布局、地面水的排除、各种工程管线布置以及铁路和其他各种人工构筑物等的关系,并且需要对现有道路系统和建筑物等状况予以足够的重视。在道路系统规划中,应满足下列基本要求:

（1）满足适应交通运输的要求。规划道路系统时,应使所有道路主次分明、分工明确,并有一定的机动性,以组成一个高效、合理的交通运输系统,从而使村镇各区之间有安全、方便、迅速、经济的交通联系,具体要求是:

1）村镇主要用地和吸引大量居民的重要地点之间,应有短捷的交通路线,使全年最大的平均人流、货流能按最短的路线通行,以使运输工作量最小、交通运输费用最省。

例如,村镇中的工业区、居民区、公共中心以及对外交通的车站、码头等都是大量吸引人流、车流的地点,规划道路时应注意使这些地点的交通畅通,以便能及时地集散人流和车流。这些交通量大的用地之间的主要连接道路,就成为村镇的主干道,其数量一般为一条或两条。交通量相对小,不贯通全村镇的道路成为次干道。主、次干道网也就成了村镇规划的平面骨架。

2）村镇各分区用地之间的联系道路应有足够而又恰当的数量,同时要求道路系统尽可能简单、整齐、醒目,以便行人和行车辨别方向和组织交叉口的交通。

通常以道路网密度(单位为 km/km^2)作为衡量道路系统的技术经济指标。所谓道路网密度,是指道路总长(不含居住小区、街坊内通向建筑物组群用地内的通道)与村镇用地面积的比值。

确定村镇道路网密度一般应考虑下列因素:

①道路网的布置应便利交通,居民步行距离不宜太远;

②交叉口间距不宜太短,以避免交叉口过密,降低道路的通

行能力和降低车速;

③适当划分村镇各区及街坊的面积。

道路网密度越大,交通联系也越方便;但密度过大,势必交叉口增多,影响行车速度和通行能力,同时也会造成村镇用地不经济,增加道路建设投资和旧村(镇)改造拆迁工作量。特别是干道的间距过小,会给街坊、居住小区临街住宅带来噪声干扰和废气污染。

村镇干道上机动车流量大,车速较低,且居民出行主要依靠自行车和步行,因此,其干道网与道路网(含支路、连通路)的密度可较小城市为高,道路网密度可达 $8 \sim 13 km/km^2$,道路间距可为 $150 \sim 250m$;其干道网密度可为 $5 \sim 6.7 km/km^2$,干道间距可为 $300 \sim 400m$。实际规划应结合现状、地形环境来布置,不宜机械规定,但是道路与支路(连通路)间距至少应大于 $100m$,干道间距有时也达 $400m$ 以上。山区道路网密度更应因地制宜,其间距可考虑 $150 \sim 400m$。

3)为交通组织管理创造良好条件。道路系统应尽可能简单、整齐、醒目,以便行人和行驶的车辆辨别方向,易于组织和管理交通交叉口的交通。如图 3-5 所示,8 条干道汇集于村镇中心区,形成一个复杂交叉口,使交叉口的交通组织复杂化,大大降低了干道的通行能力和交通安全。一个交叉口上交汇的道路不宜超过 $4 \sim 5$ 条,交叉角不易小于 $60°$ 或不宜大于 $120°$ 一般情况下,不要规划星形交叉口,不可避免时,应分解成几个简单的十字形交叉口。同时,应避免将吸引大量人流的公共建筑布置在路口,增加不必要的交通负担。

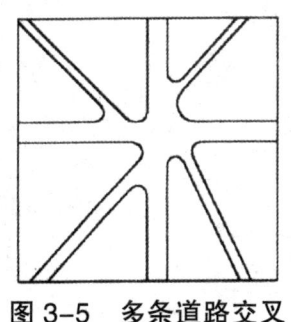

图 3-5 多条道路交叉

（2）结合地形、地质和水文条件，合理规划道路网走向。村镇道路网规划的选线布置，既要满足道路行车技术的要求，又必须结合地形、地质水文条件，并考虑到与临街建筑、街坊、已有大型公共建筑的出入联系要求。道路网尽可能平而直，尽可能减少土石方工程，并为行车、建筑群布置、排水、路基稳定创造良好条件。

在地形起伏较大的村镇，主干道走向宜与等高线接近于平行布置，避开接近垂直切割等高线，并视地面自然坡度大小对道路横断面组合作出经济合理的安排。当主、次干道布置与地形矛盾时，次干道及其他街道都应服从主干道线形平顺的需要。一般当地面自然坡度达6%～10%时，可使主干道与地形等高线交成一个不大的角度，以使与主干道相交叉的一般其他道路不致有过大的纵坡，如图3-6所示；当地面自然坡度达12%以上时，采用"之"字形的道路线形布置，如图3-7所示，曲线半径不宜小于13～20m，且曲线两端不应小于20～25m长的缓和曲线。为避免行人在"之"字形支路上盘旋行走，常在垂直等高线上修建人行梯道。

在道路网规划布置时，应尽可能绕过不良工程地质和不良水文工程地质，并避免穿过地形破碎地段，如图3-8、图3-9所示。这样虽然增加了弯路和长度，但可以节省大量土石方和大量建设资金，缩短建设周期，同时也使道路纵坡平缓，有利于交通运输。

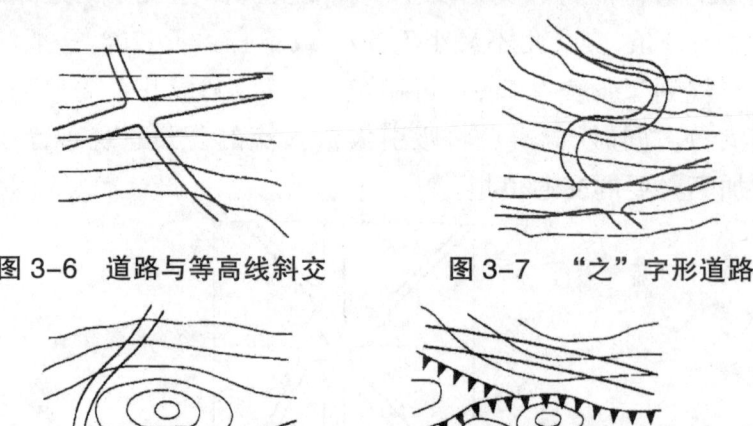

图3-6 道路与等高线斜交　　图3-7 "之"字形道路

图3-8 避开破碎地段　　图3-9 避开破碎地段

确定道路标高时,应考虑水文地质对道路的影响,特别是地下水对路基路面的破坏作用。

(3)满足村镇环境的要求。村镇道路网走向应有利于村镇的通风。我国北方村镇冬季寒流主要受来自西伯利亚的冷空气影响,所以冬季寒流风向主要是西北风,寒冷往往伴随风沙、大雪,因此主干道布置应与西北向呈垂直或呈一定角度的偏斜,以避免大风雪和风沙直接侵袭村镇;对南方村镇道路的走向应平行于夏季主导风向,以创造良好的通风条件;对海滨、江边、河边的道路应临水避开,并布置一些垂直于岸线的街道。

道路走向还应为两侧建筑布置创造良好的日照条件,一般南北向道路较东西向好,最好由东向北偏转一定角度。从交通安全看,街道最好能避免正东西方向,因为日照耀眼会导致交通事故。事实上,村镇道路有南北方向,也必须有与其相交的东西向干道,以共同组成村镇干道系统。由于地形等原因,干道不可能都符合通风和日照的要求,因此干道的走向最好取南北和东西的中间方位,一般取与南北子午线呈30°～60°的夹角为宜,以兼顾日照、通风和临街建筑的布置。

随着村镇经济的不断发展,交通运输也日益增长,机动车噪声和尾气污染也日趋严重,必须引起足够的重视。一般采取的措施有:合理地确定村镇道路网密度,以保持居住建筑与交通干道间有足够的消声距离;过境交通一律不得从村镇内部穿过;控制货车进入居住区;控制拖拉机进入村镇;在街道宽度上考虑必要的防护绿地来吸收部分噪声和二氧化碳;沿街建筑布置方式及建筑设计作特殊处理,如使建筑物后退红线、建筑物沿街面作封闭处理或建筑物山墙面对街道等。

(4)满足村镇景观的要求。村镇道路不仅用作交通运输,而且对村镇景观的形成有着很大的影响。所谓街道的造型即通过线形的柔顺,曲折起伏,两侧建筑物的进退、高低错落、丰富的造型与色彩,多样的绿化,以及沿街公用设施与照明的配置等,来协调街道平面和空间组织,同时还把自然景色(山峰、水面、绿地)、历史古迹(塔、亭、台、楼、阁)、现代建筑(纪念碑、雕塑、建筑小品、电视塔等)贯穿起来,形成统一的街景。它对体现整洁、舒适、美观、大方、丰富多彩的现代化村镇面貌起着重要的作用。

干道的走向应朝向制高点、风景点(如:高峰、水景、塔、纪念碑、纪念性建筑等),使路上行人和车上乘客能眺望如画的景色。临水的道路应结合岸线精心布置,使其既是街道,又是人们游览休息的地方。当道路的直线路段过长,使人感到单调和枯燥时,可在适当地点布置广场和绿地,配置建筑小品(雕塑、凉亭、画廊、花坛、喷水池、民族风格的售货亭等),或做大半径的弯道,在曲线上布置丰富多彩的建筑。

对山区村镇,道路竖曲线以凹形曲线为赏心悦目,而凸曲线会给人以街景凌空中断的感觉。一般可在凸形顶点开辟广场、布置建筑物或树木,使人远眺前方景色,有新鲜不断、层出不穷之感。

但必须指出的是,不可为了片面追求街景,把主干道规划成错位交叉、迂回曲折,致使交通不畅。

(5)有利于地面水的排除。村镇街道中心线的纵坡应尽量与两侧建筑线的纵坡方向取得一致,街道的标高应稍低于两侧街坊地面的标高,以汇集地面水,便于地面水的排除。主干道如果沿汇水沟纵坡,对于村镇的排水和埋设排水管是非常有益的。

在做干道系统竖向规划设计时,干道的纵断面设计要配合排水系统的走向,使之通畅地排向江、海、河。由于排水管是重力流管,管道要具有排水纵坡,所以街道纵坡设计要与排水设计密切配合。街道纵坡过大,排水管道就需要增加跌水管;纵坡过小,排水管道在一定路段上又需设置泵站,显然,这些都将增加工程投资。

(6)满足各种工程管线布置的要求。随着村镇的不断发展,各类公用事业和市政工程管线将越来越多,一般都埋在地下,沿街道敷设。但各类管线的用途不同,其技术要求也不同。如电讯管道,它要靠近建筑物布置,且本身占地不宽,但它要求设置较大的检修人孔;排水管为重力流管,埋设较深,其开挖沟槽的用地较宽;煤气管道要防爆,须远离建筑物。当几种管线平行敷设时,它们相互之间要求有一定的水平间距,以便在施工时不致影响相邻管线的安全。因此,在村镇道路规划设计时,必须摸清街道上要埋设哪些管线,考虑给予足够的用地,并给予合理安排。

(7)满足其他有关要求。村镇道路系统规划除应满足上述基本要求外,还应满足:

1)村镇道路应与铁路、公路、水路等对外交通系统密切配合,同时要避免铁路、公路穿过村镇内部。对已在公路两侧形成的村镇,宜尽早将公路移出或沿村镇边缘绕行。

对外交通以水运为主的村镇、码头、渡口、桥梁的布置要与道路系统互相配合。码头、桥梁的位置还应注意避开不良地质。

2)村镇道路要方便居民与农机通往田间,要统一考虑与田间道路的衔接。

3)道路系统规划设计,应少占农田、少拆房屋,不损坏重要历史文物。应本着与从实际出发,贯彻以近期为主,远、近期相结合的方针,有计划、有步骤地分期展开、组合实施。

2. 村镇道路系统的形式

目前常用的道路系统形式可归纳成四种类型:方格网式(也称棋盘式)、放射环式、自由式、混合式。前三种是基本类型,混合式道路系统是由几种基本类型组合而成。

(1)方格网式(棋盘式)。方格网式道路系统如图3-10所示,其最大特点是街道排列比较整齐,基本呈直线,街坊用地多为长方形,用地经济、紧凑,有利于建筑物布置和识别方向;从交通方面看,交通组织简单、便利,道路定线比较方便,不会形成复杂的交叉口,车流可以较均匀地分布于所有的街道上;交通机动性好。当某条街道受阻车辆绕道行驶时期路线不会增加,行程时间不会增加。为适应汽车交通的不断增加,交通干道的间距宜为400～500m,划分的村镇用地就形成功能小区,分区内再布置生活性街道。这种道路系统也有明显的缺点,它的交通分散,道路主次功能不明确,交叉口数量多,影响行车通畅。同时,由于是长方形的网格道路系统,因此,使对角线方向交通不便,行驶距离长。

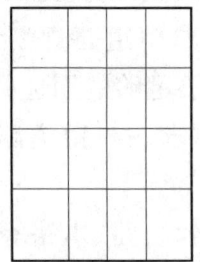

图 3-10 方格网式

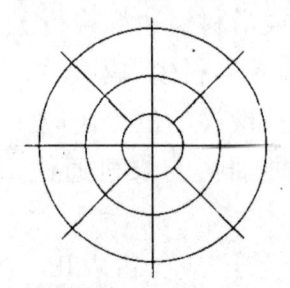

图 3-11 放射状

方格网式道路系统一般适用于地形平坦的村镇,规划中应结合地形、现状与分区布局来进行,不宜机械地划分方格。为改善对角线方向的交通不便,在方格网中常加入对角线方向的道路,这样就形成了方格对角线形式的道路系统。与方格网式道路系统相比,对角线方向的道路能缩短27%～41%的路程,但这种形式易产生三角形街坊,而且增加了许多复杂的交叉口,给建筑布置和交通组织上带来不利,故一般较少采用。

(2)放射环式。放射环式道路系统如图3-11所示,就是由放射道路和环形道路组成。放射道路肩负着对外交通联系,环形道路肩负着各区域间的运输任务,并连接放射道路以分散部分过境交通。这种道路系统以公共中心为中心,由中心引出放射道路,并在其外围地区敷设一条或几条环形道路,像蜘蛛网一样,构成整个村镇的道路系统。环形道路有周环,也可以是半环或多边折线式;放射道路有的从中心内环放射,有的可以从二环或三环放射,也可以与环形道路切线放射。道路系统布置要顺从自然地形和村镇现状,不要机械地强求几何图形。

　　这种形式的道路系统的优点是使公共中心和各功能区有直接、通畅的交通联系,同时环形道路可将交通均匀地分散到各区;路线有曲有直,易于结合自然地形和现状;其明显的缺点是容易造成中心交通拥挤、行人以及车辆的集中,有些地区的联系要绕行,其交通灵活性不如方格网式好。如在小范围内采用这种形式,道路交叉会形成很多锐角,出现很多不规则的小区和街坊,不利于建筑物的布置,另外道路曲折不利于辨别方向,交通不便。

　　放射环式道路系统适用于规模较大的村镇。对一般的村镇而言,从中心到各区的距离不大,因而没有必要采取纯粹的放射环式。

　　(3)自由式。自由式道路系统是以结合地形起伏、道路迁就地形而形成,道路弯曲自然,无一定的几何图形。这种形式的道路系统的优点是充分结合自然地形,道路自然顺势、生动活泼,可以减少道路工程土石方量、节省工程费用。其缺点是道路弯曲、方向多变,比较紊乱,曲度系数较大。由于道路曲折,形成许多不规则的街坊,影响建筑物的布置,影响管线工程的布置。同时,由于建自由式道路系统适用于山区和丘陵地区。由于地形坡差大,干道路宜窄,因此多采用复线分流方式,借平行较窄干道来联系沿坡高差错落布置的居民建筑。在这样的情况下,宜在坡差较大的上下两平行道路之间,顺坡面垂直等高线方向适当规划布置步行梯道或梯级步行商业街,以方便居民交通和生活。

　　(4)混合式。混合式道路系统是结合村镇的自然条件和现状,力求吸收前三种基本形式的优点,避免其缺点,因地制宜地规划布置村镇道路系统。

　　事实上在道路规划设计中,不能机械地单纯采用某一类形式,应本着实事求是的原则,立足地方的自然和现状特点,采用综合方格网式、放射环式、自由式道路系统的特点,扬长避短,科学合理地进行村镇道路系统的规划布置。如村镇能在原方格网基础上,根据新区及对外公路过境交通的疏导,加设切向外环或半环,则改善了方格网式的布置。

以上四种形式的道路系统,各有其优缺点,在实际规划中,应根据村镇自然地理条件、现状特点、经济状况、未来发展的趋势和民族传统习俗等综合考虑,进行合理的选择和运用,绝对不能生搬硬套搞形式主义。

3.村镇道路的技术设计

道路规划要预估村镇交通的发展,首先要研究村镇交通的产生,非机动车、机动车出行的增长;工农业生产、村镇生活物资供应;居民上下班,生活上购物、教育与文化娱乐等各种活动形式的不同出行。要统计村镇用地中有关交通源之间分布、相互联系路线的布置、现有出行数量,预估各分区出行数量的增长,新规划地区产生的出行也需作出预估。其次,要研究采用的交通方式和所占比例,考虑汽车、自行车和行人出行在村镇用地分区之间分布和出行流量的形式,最后,确定主次干道的性质、选线、走向布置与红线宽度、断面组合,以及交叉口形式、中心控制坐标、桥梁的位置等。

(1)正确预测远期交通量。在原有村镇道路的规划改造设计中,道路的远期交通量一般可按现有道路的交通量进行预测;对新建的村镇,道路的远期交通量可参考规模相当的统计村镇进行预测。自行车的增长量同交通增长量是一致的,在村镇道路规划中,应特别注意自行车的增长趋势,因为这是村镇的主要交通工具。三轮车、板车、畜力车是村镇的重要运输工具,它们在村镇的交通运输中所占比例与村镇的性质、地理位置、自然条件、经济发展程度等有关。目前我国有些村镇的某些道路上,这些车辆所占比重还很大,在一定时期内仍有增长的趋势,在进行远期交通量预测时,应根据实际情况正确估算。

在商业街、生活性道路上,行人是主要的交通量,因此在远期交通量预测时应注意到,一是随着村镇居民物质文化水平的提高,出行次数将会增加;二是农民进入村镇,增加了行人数量。行人交通量的估算,应参考观测资料及人口增长数来计算。

(2)村镇道路横断面设计。道路横断面是指沿着道路宽度、垂直于道路中心线方向的剖面。村镇道路横断面设计的主要任务是根据道路功能和建筑红线宽度,合理地确定道路各组成部分的宽度及不同形式的组合、相互之间的位置与高差。对横断面设计的基本要求为:

Ⅰ.保证车辆和行人交通的畅通和安全,对于交通繁重地段应尽量做到机动车辆与非机动车辆分流、人车分流、各行其道;

Ⅱ.满足路面排水及绿化,地面杆线、地下管线等公用设备布置的工程技术要求;

Ⅲ.路幅综合布置应与街道功能、沿街建筑物性质、沿线地形相协调;

Ⅳ.节约村镇用地,节省工程费用;

Ⅴ.减少由于交通运输所产生的噪声、扬尘和废气对环境的污染;

Ⅵ.必须远、近期相结合,以近期为主,又要为村镇交通发展留有必要的余地。做到一次性规划设计,如需分期实施,应尽可能使近期工程为远期所利用。

1)道路宽度的确定。道路横断面的规划宽度称为路幅宽度,它通常指村镇总体规划中确定的建筑红线之间的道路用地总宽度,包括车行道、人行道、绿化带以及安排各种管线所需宽度的总和。

①车行道的宽度。车行道是道路上提供每一纵列车辆连续、安全地按规定计算行车速度行驶的地带。车行道宽度的大小以"车道"或"行车带"为单位。所谓车道,是指车辆单向行驶时所需的宽度,其数值取决于通行车辆的车身宽度和车辆行驶中在横向的必要安全距离。车身宽度一般应采用路上经常通行的车辆中宽度较多者为依据,对个别偶尔通过的大型车辆可不作为计算标准。

常用车辆的外轮廓尺寸,见表3-12。

表 3-12 各种车辆宽度和车道宽度

单位：m

车辆名称	机动车	自行车	三轮车	大板车	小板车	畜力车
车辆宽度	2.5	0.5	1.1	2.0	0.9	1.6
车道宽度	3.5	1.5	2.0	2.8	1.7	2.6

车辆之间的安全距离取决于车辆在行驶时横向摆动与偏移的宽度，以及与相邻车道或人行道侧石边缘之间的必要安全间隙，其值与车速、路面类型和质量、驾驶技术、交通规则等有关。在村镇道路上行驶车辆的最小安全距离可为 1.0～1.5m，行驶中车辆与边沟距离为 0.5m。

车行道的宽度是几条车道宽度的总和。以设计小时交通量与一条车道的设计通行能力相比较，确定所需的车道个数，从而确定车行道总宽度。例如机动车行道宽度计算公式为：

$$机动车道宽度 = \frac{单向设计小时交通量}{一条车道的设计通行能力} \times 2(\times 一条车道宽度) \quad (5-7)$$

表 3-13 各种车辆的通行能力

单位：辆/h

车辆名称	机动车	自行车	三轮车	大板车	小板车	畜力车
通行能力	300～400	750	300	200	380	150

应当注意，车道总宽度不能单纯按公式计算确定。因为这样既难以切合实际，又往往不经济。实际工作中应根据交通资料，如车速、交通量、车辆组成、比例、类型等，以及规划拟定的道路等级、红线宽度、服务水平，并考虑合理的交通组织方案，加以综合分析确定。如：村镇道路上的机动车高峰量较小，一般单向一个车道即可。在客运高峰小的时期，虽然机动车较少，为了交通安全也得占用一个机动车道，而此时自行车交通量增大，可能要占用 2～3 个机动车道。这样货运高峰小时所需要的车道宽度往

往不能满足客运高峰小时的交通要求,所以常常以客运高峰小时的交通量进行校核。

村镇的客运高峰期一般有三个:第一个是早上8:00前的上班高峰;第二个是中午的上下班高峰;第三个是下午17:00～18:00时的下班高峰。这三个高峰以中午的高峰最为拥挤。因在此高峰期间不仅有集中的自行车流,还有一定数量的其他车流和人流。因此,以中午客运高峰小时的交通量进行校核较为恰当。

②人行道的宽度。人行道是村镇道路的基本组成部分。它的主要功能是满足步行交通的需要,同时也要满足绿化布置、地上杆柱、地下管线、护栏、交通标志和信号,以及消防栓、清洁箱、邮筒等公用附属设施布置安排的需要。

人行道宽度取决于道路类别、沿街建筑物性质、人流密度和构成(空手、提包、携物等)、步行速度,以及在人行道上设置灯杆和绿化种植带,还应考虑在人行道下埋设地下管线等方面的要求。

一条步行带的宽度一般为0.75m;在火车站、汽车站、客运码头以及大型商场(商业中心)附近,则采用0.85～1.0m为宜。步行带的条数取决于人行道的设计通行能力和高峰小时的人流量。一般干道、商业街的通行能力采用800～1000人/h;支路采用1000～1200人/h,这是因为干道、商业街行人拥挤,通行能力降低。

由于影响行人交通流向、流量变化的因素错综复杂,远期高峰小时的行人流量难以确定估计,因此,通常多根据村镇规模、道路性质和特点来确定步行带的宽度,表3-14为村镇道路、人行道宽度的综合建议值。

表3-14 人行道宽度建议值

单位:m

道路类别	最小宽度	步行带最小宽度
主干道	4.0～4.5	3.0
次干道	3.5～4.0	2.25

续表

道路类别	最小宽度	步行带最小宽度
车站、码头、公园等路	4.5～5.0	3.0
支路、街坊路	1.5～2.5	1.5

注：现状人口大于2.0万人的村镇，可适当放宽。

③道路绿化与分隔带

Ⅰ．道路绿化

道路绿化是整个村镇绿化的重要组成部分，它将村镇分散的小园地、风景区联系在一起，即所谓绿化的点、线、面相结合，以形成村镇的绿化系统。

在街道上种植乔木、绿篱、花丛和草皮形成的绿化带，可以遮阳，也能延长路面的使用期限，同时对车辆驶过所引起的灰尘、噪声和震动等能起到降低作用，从而改善道路卫生条件，提高村镇交通与生活居住环境质量。绿化带分隔街道各组成部分可限制横向交通，能保证行车安全和畅通，体现"人车分流、快慢分流"的现代化交通组织原则。在绿地下敷设地下管线，进行管线维修时，可避免开挖路面和不影响车辆通行。如果为街道远期拓宽而预留的备用地可在近期加以绿化。如街道能布置林阴道和滨河园林，可使街道上空气新鲜、湿润和凉爽，给居民创造一个良好的休息环境。

我国大多数村镇的街道绿化占街道总宽度的比例还比较低，在某些村镇中，由于旧街过窄，人行道宽度都成问题，因而道路绿化比重更小，行道树生长也不良，亟待改善。结合我国村镇用地实际即加强绿化的可能性，一般近期对新建、改建道路的绿化所占比例宜为15%～25%，远期至少应在20%～30%考虑。

人行道绿化根据规划横断面的用地宽度可布置单行或双行行道树。行道树布置在人行道外侧的圆形或方形的穴内，方形坑的尺寸不小于1.5m×1.5m，圆形直径不小于1.5m，以满足树木生长的需要。街内植树分隔带兼作公共车辆停靠站或供行人过街停留之用，宜有2m的宽度。

种植行道树所需的宽度：单行乔木为1.25～2.0m；两行乔木并列时为2.5～5.0m，在错列时为2.0～4.0m。对建筑物前的绿地所需最小宽度：高灌木丛为1.2m；中灌木丛为1.0m；低灌木丛为1.0m；草皮与花丛为1.0～1.5m。若在较宽的灌木丛中种植乔木，能使人行道得到良好的绿化。

布置行道树时还应注意下列问题：

A. 行道树应不妨碍道路两侧建筑物的日照通风，一般乔木距离房屋5m为宜。

B. 在弯道上或交叉口处不能布置高度大于0.7m的绿丛，必须使树木在视距三角形范围之处中断，以不影响行车安全。

C. 行道树距道路侧石线（人行道外缘）的距离应不小于0.75m，便于公共汽车停靠，并需及时修剪，使其分枝高度大于4m。

D. 注意行道树与架空干线之间的干扰，常将电线合杆架设以减少杆线数量和增加线高度。一般要求电话电缆高度不小于6m；路灯低压线高度不小于7m；馈线及供电高压线高度不小于9m；南方地区架线高度宜较北方地区提高0.5～1.0m，以有利于行道树的生长。

E. 树木与各项公用设施应保证必要的安全间距，应统一安排，避免干扰。

行道树、地下管线、地上杆线最小安全距离等如表3-15、表3-16所示。

表3-15　行道树、地下管线、地上杆线最小安全距离

单位：m

名称	建筑物	电力管道沟边	电讯管道沟边	煤气管道	上水管道	雨水管道	电力杆	电讯杆	污水管道	侧石边缘	挡土墙陡坡	围墙（2m以上）
乔木（中心）	3.0	1.5	1.5	1.5～2.0	1.5	1.0～1.5	2.0	2.0	1.0～15	1.0	1.0	2.0

续表

名称	建筑物	电力管道沟边	电讯管道沟边	煤气管道	上水管道	雨水管道	电力杆	电讯杆	污水管道	侧石边缘	挡土墙陡坡	围墙（2m以上）
灌木	1.5	1.5	1.5	1.5～20	1.0		>1.0	1.5		1.0～2.5	0.3	1.0
电力杆	3.0	1.0	1.0	1.0～1.5	1.0	1.0		4.0	1.0	6.0～1.0	>1.0	
电讯杆	3.0	1.0	1.0	1.0～1.5	1.0	1.0	4.0		1.0	2.0～4.0	>1.0	
无轨电车杆	4.0	1.5	1.5	1.5	1.5	1.5			1.5	2.0～4.0		
侧石边缘		1.0	1.0	10～2.5	1.5	1.0			1.0			

表3-16 地下管线、架空线有关净距、净空要求

单位：m

下面管线 \ 上面管线	给水	排水	煤气	电力电缆 高压	电力电缆 低压	电讯 铠装	电讯 管道	明沟（底）	涵洞（基础底）	电车（轨底）	铁路（轨底）
给水管	0.1	0.1	0.1	0.2	0.2	0.2	0.1	0.5	0.15	1.0	1.0
排水管	0.1	0.1	0.1	0.2	0.2	0.2	0.1	0.5	0.15	1.0	1.0
煤气管	0.1	0.1	0.1	0.2	0.2	0.2	0.2	0.5	0.15	1.0	1.0
电讯、铠装	0.2	0.2	0.2	0.2	0.2	0.2	0.1	0.15	0.5	0.5	1.0
电缆管道	0.2	0.2	0.2	0.2	0.2	0.2	0.1	0.75	0.5	0.2	1.0
电力电缆	0.2	0.2	0.2	0.5	0.5	0.5	0.15	0.5	0.5	0.2	1.0

注：管线设于套管或地道中，其净距从套管、地道边及基础底算起；电讯类管线宜在其他管线上通过；低压电缆宜在高压管线上方通过；煤、电管应在给排水管上面通过。

Ⅱ．分隔带

分隔带是组织车辆分向、分流的重要交通设施，但它与路面画线标志不同，在横断面中占有一定宽度，是多功能的交通设施，为绿化植树、行人过街停歇、照明杆柱、公共车辆停靠、自行车停放等提供了用地。

分隔带分为活动式和固定式两种。活动式是用混凝土墩、石墩或铁墩做成，墩与墩之间以铁链或钢管连接，一般活动式分隔

墩高度为 0.7m 左右,宽度为 0.3～0.5m,其优点是可以根据交通组织变动灵活调整。固定式一般是用侧石维护成连续性的绿化带。

分隔带的宽度宜与街道各组成部分的宽度比例相协调,最窄为 1.2～1.5m。若兼作公共交通车辆停靠站或停放自行车用的分流分隔带,不宜小于 2.0m。除了为远期拓宽预留用地的分隔带外,一般其宽度不宜大于 4.5～6.0m。

作为分向用的分隔带,除过长路段而在增设人行横道处中断外,应连续不断直到交叉口前。分流分隔带仅宜在重要的公共建筑、支路和街坊路出入口以及人行横道处中断,通常以 80～150m 为宜,其最短长度不小于一个停车视距。采用较长的分隔带可避免自行车任意穿越进入机动车道,以保证分流行车的安全。

分隔带足够宽时,其绿化配置宜采用高大直立乔木为主;若分隔带较窄时,只能选用小树冠的常青树,间以低矮黄杨树;地面栽铺草皮,逢节日以盆花点缀,或高灌木配以花卉、草皮并围以绿篱,切忌种植高度大于 0.7m 的灌木丛,以免妨碍行车视线。

Ⅳ.道路边沟宽度

为了保证车辆和行人的正常交通,改善村镇卫生条件,以及避免路面的过早破坏,要求迅速将地面的雨雪水排除。根据设施构造的特点,道路的雨雪水排除方式有明式、暗式和混合式三种。

明式是采用明沟排水,仅在街坊出入口、人行横道处增设一些必要的带有漏孔的盖板明沟或涵管,这种方式多用于一些村庄的道路或临街建筑物稀少的道路。明沟的断面尺寸原则上应经水力计算确定,常采用梯形或矩形断面,底宽不小于 0.3m,深度不宜小于 0.5m。

暗式是用埋设于道路下的雨水沟管系统排水,而不设边沟。混合式是明沟和暗管相结合的排水方式。在村镇规划中,应从卫生、环境、经济和方便居民交通等方面综合考虑,采取适宜的排水方式。

2）道路横断面的综合布置

①道路横断面的基本形式

根据村镇道路交通组织特点的不同,道路横断面可分为一、二、三块板等不同形式。一块板(又称单幅路)就是在路中完全不设分隔带的车行道断面形式,如图3-12（a）所示；二块板(又称双幅路)就是在路中心设置分隔带将车行道一分为二,使对向行驶车流分开的断面形式,如图3-12（b）所示；三块板,就是设置两道分隔带,将车行道一分为三,中央为机动车道,两侧为非机动车道,如图3-12（c）所示。

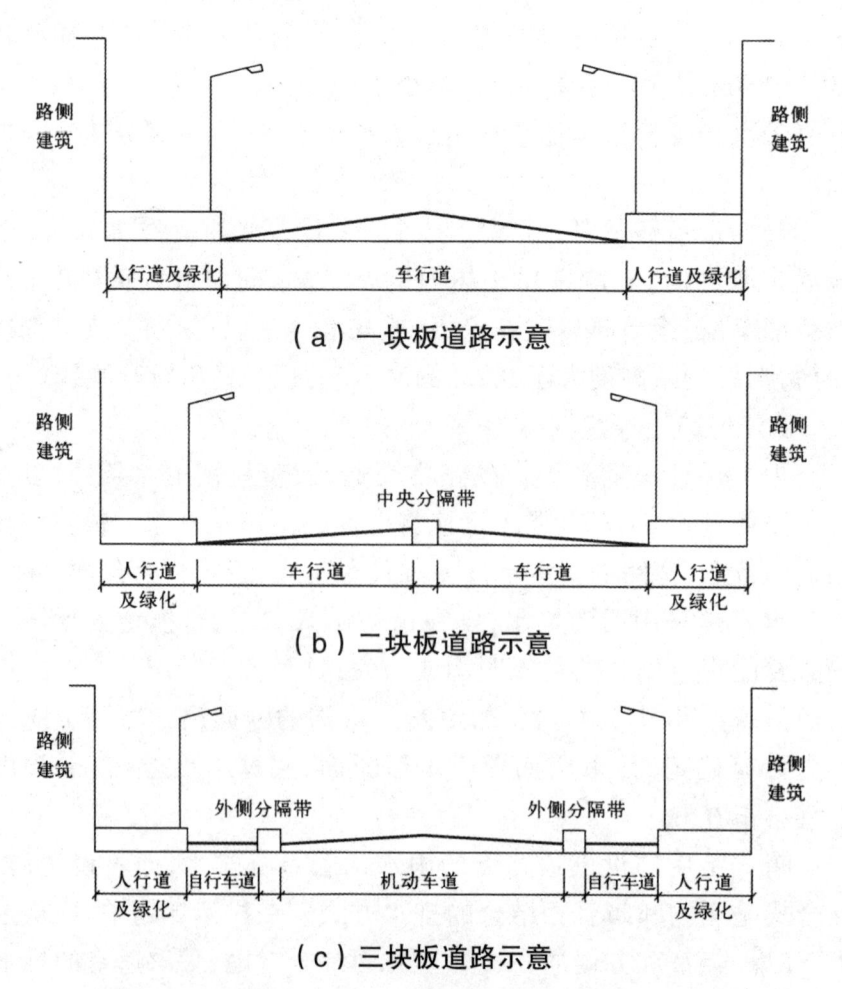

（a）一块板道路示意

（b）二块板道路示意

（c）三块板道路示意

图3—12 道路横断面的基本形式

第三章 集镇镇区建设规划

三种形式的断面,各有其优缺点。从交通安全上来看,三块板比一、二块板都好,这是由于三块板解决了经常发生交通事故的非机动车和机动车相互干扰的矛盾,同时分隔带还起了行人过街的安全岛作用。但三块板在分隔带上所设的公共车辆停靠站,对乘客上下车、穿越非机动车道造成不便。从行车速度上来看,一、二块板由于机动车和非机动车混合行驶,车速较低;三块板由于机动车和非机动车分流,互不干扰,车速较高。从道路照明上来看,板块划分越多,照明越易解决,二、三块板均能较好地处理照明杆线与绿化种植之间的矛盾,因而照明度易于达到均匀,有利于夜间行车。从环境质量上来看,三块板由于机动车道在中央,距离两侧建筑物较远,并有分隔带和人行道上的绿化隔离带吸尘和消声,因而有利于沿街居民保持较为安静、良好的生活环境。从村镇用地和建设投资上看,在相同的通行能力下,一块板占用的土地面积最小,建设投资也少;三块板由于机动车和非机动车分流后,非机动车道的路面质量要求可降低些,这方面能做到一定的经济、合理,但总造价仍较高;二块板的造价大体介于一、三块板之间。

②道路横断面的选择

道路横断面的选择必须根据具体情况,如村镇规模、地区特点、道路类型、地形特征、交通性质、占地、拆迁和投资等因素,经过综合考虑、反复研究及技术经济比较后才能确定,不能机械地确定。

一块板形式是目前普遍采用的一种形式。它适用于路幅宽度较窄(一般在40m以下),交通量不大,混合行驶四车道已能满足及非机动车道不多等情况;在用地困难和大量拆迁的地段,以及出入口较多的繁华路段可优先考虑。如规定节日有游行队伍通过或备战等特殊功能和要求时,即使路幅宽度较大,也可考虑采用一块板形式。三块板形式适用于路幅较宽(一般在40m以上,特殊情况至少为36m),非机动车多,交通量大,混合行驶四车道已不能满足交通要求,车辆速度较快及考虑分期修建等情况。但一般不适用于两个方向交通量过分悬殊,或机动车和非机动车高峰小时不在同一时间的道路;也不宜用于用地紧张,非机动车较少的山村道路。二块板形式适用于快速干道,如机动车辆多、非机动车辆很少及车速要求高的道路,可以减少对向行驶的机动车之间的相互干扰,特别是经常有夜间行车的道路;在线形上有可能导致车辆相撞的路段以及道路横向高差较大或为了照顾现状、埋设高压线等,有时也可适当地考虑采用。经多年的实践证明,二块板形式可保证交通安全,但车辆行驶时灵活性差,转向需要绕道,以致车道利用率低,而且多占用地,因此此种形式近年来已很少采用,对于已建的二块板道路有的也在改建。

  道路横断面设计除考虑交通外,还要综合考虑环境,沿街建筑使用,村镇景观以及路上、路下各种管线、杆柱设施的协调、合理安排。

  I. 路幅与沿街建筑物高度的协调。道路路幅宽度应使道路两侧的建筑物有足够的日照和良好的通风;在特殊情况(对应防空、防火、防震要求)下,还应考虑街道一侧的建筑物发生倒塌后,仍需保持街道另一侧车道宽度能继续维持交通、能进行救灾工作。

  此外,路幅宽度还应使行人、车辆穿越时能有较好的视野,看到沿街建筑物的立面造型,感受良好的街景。一般认为 H∶B=1∶2 左右为宜,具体实施时,东西向道路稍宽,南北向道路可稍窄,如图 3-13 所示。

  II. 横断面布置与工程管线布置的协调。村镇中的各种工程管线,由于其性能、用途各不相同,相互之间在平面、立面位置上的安排与净距要求常常发生冲突和矛盾。道路横断面各组成部分的宽度及其组合形式的确定,必须与管线综合规划相协调;有时路幅宽度甚至取决于管线辐射所需用地的宽度要求。

  III. 横断面总宽度的确定与远近期建设结合,如图 3-14 所示。

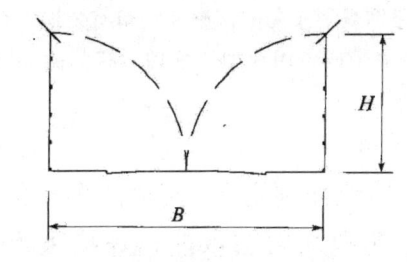

图 3-13 路幅与沿街建筑的关系

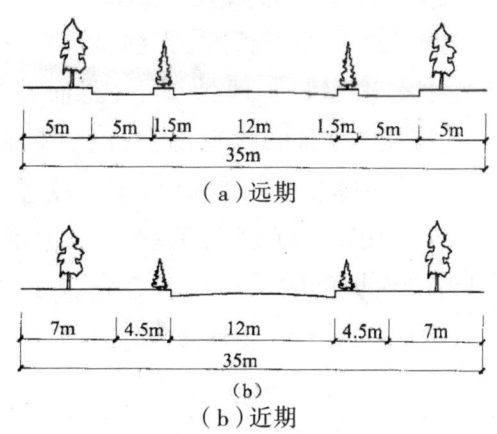

（a）远期

（b）近期

图 3-14 横断面总宽度的确定与远近期建设结合

有关村镇道路的路幅宽度值，表 3-17 的数值可供参考。

表 3-17 村镇道路路幅宽度及组成建议

规划技术指标	道路级别			
	主干路	干路	支路	巷路
计算行车速度/(km/h)	40	30	20	
道路红线宽度/m	24～36	16～24	10～14	
车行道宽度/m	14～24	10～14	6～7	3.5
每侧人行道宽度/m	4～6	3～5	0～3	0
道路间距/m	≥500	250～500	120～300	60～150

注：①镇区的道路应分为主干路、干路、支路、巷路四级。

②道路广场用地占建设用地比例应符合"建设用地比例表"中的规定。

③当规划人口大于 2.0 万的村镇，个别主干道可达红线 40m 以内；接近 2.0 万的村镇，个别主干道可用三块板或设非机动车道隔离墩，其他道路原则上用一块板。道路工程建设应贯彻"充分利用，逐步改造"与"分期修建，逐步提高"的原则。因此，道路断面上各组成部分的位置，不仅要注意适应远近期交通量组成和发展的

差别,而且也要为今后路网规划布局的调整变动留有余地。对于近、远期宽度的相差部分,可用绿化带、分隔带或备用地加以处理。有些街道根据拆迁条件,也可采取先修建半个路幅的做法。

IV. 道路的横坡度

为了使道路上的地面雨雪水、街道两侧建筑物出入口以及比邻街坊道路出入口的地面雨雪水能迅速排人道路两侧的边沟或排水暗管,在道路横向必须设置坡度。道路横坡度的大小,主要根据路面结构层的种类、表面平整度、粗糙度和吸湿性、当地降雨强度、道路纵坡大小等确定。一般情况下,路面越光滑、不透水、平整度与行车车速要求高,横坡就宜偏小,以防车辆横向滑移,导致交通事故;反之,路面越粗糙、透水、且平整度差、车速要求低,横坡就可偏大。结合交通部《公路工程技术标准》(JTG B01-2003),我国村镇道路横坡度的数值可参考表3-18取用。

表3-18 道路横坡度

车道种类	路面结构	横坡度(%)
车行道	沥青混凝土、水泥混凝土	1.0～2.0
	其他黑色路面、整齐石块	1.5～2.5
	半整齐石块、不整齐石块	2.0～3.0
	碎、砾石等粒料路面	2.5～3.5
	粒料加固土、其他当地材料加固或改善土	3.0～4.0
人行道	砖石铺砌	1.5～2.5
	砾石、碎石	2.0～3.0
	砂石	3.0
	沥青面层	1.5～2.0
自行车道		1.5～2.0
汽车停车场		0.5～1.5
广场行车路面		0.5～1.5

3)道路纵向坡度

①最大纵坡。在道路的纵断面设计中必须对纵坡度及坡长加以限制。影响道路设计最大纵坡值确定的因素,除道路性质、

行车技术要求、自然地形、排水以及工程地质水文条件等外,还必须考虑村镇道路的交通组成、自然地理环境的特征,以及沿街建筑物与地下管线布设的要求。

I. 考虑非机动车,特别是自行车行驶的要求。村镇道路中有相当数量的自行车以及一定数量的板车、架子车等,与机动车并行。据国内实测资料分析:适于自行车骑行的纵坡宜在 2.5% 以内;适于平板三轮车、手推架子车的纵坡宜为 2% 以内;在山区村镇困难地段,自行车骑行的纵坡也不得超过 5%,且其坡长不超过 60m。因此在选择道路纵坡值时,对非机动车流量大的村镇内干道,应着重考虑非机动车安全行驶的要求。一般纵坡宜控制在 2.5%～3% 以内,且坡长在 200～300m 之间。对下穿铁路的地道桥引道,由于可将机动车、非机动车道分开设置,则可令非机动车纵坡在 2.5% 以内,机动车道则容许采用 3%～4% 的纵坡。

II. 考虑自然地理环境的特征。我国幅员辽阔,各地自然地理环境差异较大。在气候寒冷、路面易于发生季节性冰冻的北方地区,在气候湿热多雨的南方地区,由于车辆轮胎与路面间的摩擦系数在不利季节比正常情况小,从而影响车辆牵引力的充分发挥,就需要适当降低设计最大纵坡值。对海拔较高的高原村镇,由于空气稀薄使车辆的有效牵引力也得不到充分的发挥,加上因气压低,车辆水箱中的水易于沸腾,使机件发生故障而引发交通事故。因此,对高原村镇的道路设计最大纵坡允许值,也应有所降低。

III. 考虑沿街建筑物与地下管线布设的要求。道路纵坡过大不利于沿街建筑物的布置、出入,并影响道路景观。此外,过大的纵坡往往会加大地下管线、特别是给排水管的埋深。

综上所述,对村镇道路的最大设计纵坡度,在有关部门没有作统一规定前,可参考表 3-23。

表 3-23　道路最大设计纵坡度参考值

道路类别	计算行车速度 / (km/h)	最大纵坡 /%
主干道	40～50	4～6
次干道	30～40	6～7
支路(街坊路)	20～30	7～8

道路的坡长也不宜过短,以免路线起伏频繁,对行车视距均不利。一般最小坡长应不小于相邻两竖曲线的切线之和,即 60～100m。当道路纵坡大于 5% 时,应设置缓和坡段(纵坡为 2%～3%),其长度对干道不宜小于 100m,对支路不宜小于 50m。与此同时,对大坡度的长也应加以限制,当纵坡为 5%～6% 时,坡长为 250～350m;纵坡为 6%～7% 及 7%～8% 时,坡长相应为 150～250m 及 150～125m。

②最小纵坡。为了保证路面雨雪水的通畅排除,道路纵坡也不宜过小。所谓最小纵坡就是指能满足排水需要的最小纵坡度。其值随路面类型、当地降雨强度以及雨水管道的管径大小、路拱拱度等而变化,一般在 0.3%～0.5% 之间。当确有困难纵坡设置小于 0.3% 时,应做锯齿状结构或采用其他排水措施。

③转弯半径。村镇道路平面交叉口缘石半径的取值对主干道可为 20～25m;对一般道路可为 10～15m;居住小区及街坊道路可为 6～9m。另外,对非机动车道可为 5m,不宜小于 3m。

四、绿化用地规划

(一)镇区绿化作用

(1)遮阳覆盖,调节气候。良好的绿化环境对村镇的小气候具有改善和调节作用。

(2)净化空气,保护环境。绿色植物的叶绿素在阳光下进行光合作用,能吸收大量的二氧化碳,放出氧气。同时,由于树木叶子表面不平,有的还分泌黏性油脂和浆液,能够吸附空气中大量的烟尘及飘尘。蒙尘的树木经雨水冲刷后,又能恢复滞尘作用。据测定:一亩树木的树叶一年可附着各种灰尘 20~60t。许多树木在生长过程中能分泌出大量挥发性物质——植物杀菌素,抵抗一些有害细菌的侵袭,减少空气中微生物的含量。据分析,绿化地带比无绿化的闹市街道,每立方米空气中的含菌量少 85% 以上。绿化区可以减弱噪声的强度,减轻噪声对人体的影响。

(3)结合生产,创造经济效益。各村镇可根据不同的地点和条件,因地制宜地种植有特色、有经济价值的植物。如结合村镇边缘的防护林,公园的绿化、生产种植用材林(水杉、柳杉、泡桐等)、经济林(油桐、乌桕、银杏等)、药用林(厚朴、杜仲等)、果树林(苹果、梨、桃、李等)。

(4)绿化环境,为村镇添景生色。高矮参差、形态各异的树木花草,在一年四季的色彩变化装饰着村镇的建筑、道路、河流,丰富了村镇的主体轮廓,为村镇面貌添景生色。

(5)安全防护作用。位于地震区的村镇,中心地区设置大块的绿地更有必要,在地震期间可以成为人们疏散避难的场所。

在村镇某地段发生火灾时,大块的绿地起到隔离和缓冲作用,防止火灾蔓延,同时可作为人们疏散的场地。

(二)镇区绿化分类

(1)公共绿地用地规划。公共绿地是全村镇居民共同使用的绿地,包括街道绿地、广场绿地、水旁绿地(河流、海边、湖泊、池塘、水库等绿地)及居住区内小块集中绿地和为全村镇居民服务的小块游园绿地。

(2)生产防护绿地用地规划。生产绿地是指苗圃、药圃、果园及各类林地。防护绿地是指根据防火、防风、防毒、防尘、防噪声及污水净化等功能分成的防风林带、卫生防护林带、生产建筑的隔离绿化带、村镇边缘的防护林带及其他有防护意义的绿化带。

（三）镇区绿化系统规划

镇区绿化系统是镇区总体布局中的一个主要的组成部分。规划布置时，必须和生产建筑用地、居住区用地、道路系统以及当地的自然地形等方面的条件作综合考虑，全面安排。在进行规划布置时应注意以下几点：

（1）绿地系统应根据各地区特点、村镇性质、经济水平来制定。我国地跨亚热带、温带、亚寒带，各地自然地形、地质条件不一，气象气候各不相同，经济发展水平、人口稠密程度均不一样，有的差距较大。因而在绿化用地、树种选择、绿地系统的配置方面，均要根据各自的特点而定。在发挥绿化主要作用的同时，应根据各村镇的地域特点，结合生产选择合适的品种。

在严寒地区，植树多考虑防风的作用。在炎热地区，绿地布置要考虑村镇通风。在作为旅游疗养中心的村镇，绿地区是村镇的主要功能分区之一，要规定它的绿化下限指标，限定它的建筑密度，提高空地率、绿化率，而不规定它的绿化上限指标；

（2）绿化系统规划要结合其他用地的布局进行统筹安排。绿化应和整体功能布局协调，服务于功能要求。如学校的绿化和医院的绿化各有特点；

（3）绿地合理分级、分布，满足村镇居民休息、游览的需要。一般村镇根据自身规划及地域特点，可设一个综合性公园，有条件的可设一个专门性公园，如儿童公园、花卉公园（牡丹、水仙、兰、郁金香、竹）等。居住区可适当设置小游园；

（4）结合地形，少占好地和道路。绿地布局应结合地形的现有绿化分布，尽可能利用不适宜建设和布置道路交通的破碎地段和山冈、河流，巧妙布置，会产生独特的效果；

（5）村镇内的绿地规划要与田间的防护林带及其他各种防护林相呼应，全面规划，让各类绿地有机结合起来，以便形成一个完整的绿地系统；

第三章 集镇镇区建设规划

（6）旧村镇改造时，各地要根据具体情况，确定合适的绿地指标，并较均衡地布置于村镇中。旧村镇绿地很少，这是我国的普遍现象，在旧村镇改造时，适当提高层数，降低建筑密度，合理紧凑地布置道路系统、工程管线、留出绿地面积。

第四章 新农村景观综述与现状

第一节 新农村景观综述

一、概念界定

（一）新农村的概念

"建设社会主义新农村"在上世纪 50 年代就曾用过这一提法。改革开放以来，至少在 1984 年中央 1 号文件、1987 年中央 5 号文件和 1991 年中央 21 号文件即十三届八中全会《决定》中也出现过这一提法。2005 年 5 月，胡锦涛同志提出了"建设社会主义新农村"；2005 年 6 月，温家宝同志提出了"建设新农村，改变一些地方村容村貌差的状况"；2005 年 10 月，党的十六届五中全会通过的《中共中央关于制定国民经济和社会发展第十一个五年规划的建议》中指出，"建设社会主义新农村是我国现代化进程中的重大历史任务"。要按照"生产发展、生活宽裕，乡风文明、村容整洁、管理民主"的要求，坚持从各地实际出发，尊重农民意愿，扎实稳步推进新农村建设。然而新农村在当前的国家文件和相关文献中，没有一个确切的定义，当前只是作为一个口号来提。

农村与农业是分不开的，所以农村的第一个特点应该是以从事农业生产为主。其次，农村是由农村居民组成的，在农村形成了与特定的劳动方式相适应不同于城镇居住形式、生活方式和乡村文化,这是农村的第二个特点。农村的第三个特点在于它对自然生态环境的依存性,土地、河流、阳光、森林等不仅是农业生产的基础,也构成了农村优越的生态环境。"

笔者认为农村是指除去城镇之外的所有以农业生产为主的乡村区域。所谓新农村是指按照"生产发展、生活宽裕、乡风文明、村容整洁、管理民主"的二十字方针要求建设后呈现农村新景象的农村。

(二)景观的概念

目前,不同的学科对景观有着不同的解释,即使在同一学科之中大多也没有一个明确定义。但不管是地理学、规划学、生态学、社会学、或者历史学中的景观,都有着相互重叠的内容。1999年,Moss 对之前的各种各样的景观定义进行总结,归纳其主要的6种认识:①景观是地貌、植被、土地利用和人类居住格局的特殊结构;②景观是相互作用的生态系统的异质性镶嵌;③景观是综合人类活动与土地的区域整体系统;④景观是生态系统向上延伸的组织层次;⑤景观是遥感图像中的像元排列;⑥景观是一种风景,其美学价值由文化所决定。

从地理学的角度来认识景观以及农村景观,认为景观是一个地理区域的总体特征。"景观是指土地及土地上的空间和物体所构成的综合体。它是复杂的自然过程和人类活动在大地上的烙印。景观是多种功能(过程)的载体,因而可被理解和表现为:风景视觉审美过程的对象;栖居地人类生活其中的空间和环境;生态系统具有结构和功能、具有内在和外在联系的有机系统;符号记载人类过去、表达希望与理想,赖以认同和寄托的语言和精神空间。"

(三)农村景观的概念

由于农村景观的研究在我国刚刚起步,还是一个比较新的领域,再者加上不同学科对景观含义的不同定义,随着中国城市化的发展,城市不断向农村扩张,使农村呈现了动态的变化特征,所以到目前为止农村景观还没有一个统一的定义。

"乡村景观是相对于城市景观而言的,两者的区别在于地域划分和景观主体的不同。从城市规划专业的角度,乡村是相对于城市化地区而言的,是指城市(包括直辖市、建制市和建制镇)建成区以外的人类聚居地区(不包括没有人类活动或人类活动较少的荒野和无人区),是一个空间的地域范围。这一地域范围是动态变化的,并随着城市化水平的不断提高,呈缩小的趋势。乡村不是一个稳定的实体,而是人类和自然环境连续不断相互作用的产物,乡村景观正是这一产物最直接的体现。"

农村景观到底是不是属于自然的范畴呢?许多学者都有不同的说法,到底什么是自然?由于以往人们对自然的概念界定的争议,导致对农村景观的范畴问题确认比较困难。

"自然共有四个认识层面:第一类自然是原始自然,表现在景观方面是天然自然。第二类自然是人类生产生活改造后的自然,表现在景观方面是文化景观,第二自然的形成是以生产和实用而不是视觉和美学为目的的,但往往是顺应并融合了第一自然而产生的,而且与人类的活动联系在一起,体现了人与自然和谐共处的关系,这一类自然具有文化和历史的价值,在大多数情况下以农业景观的面貌出现,如田野和牧场,在有人类活动的地区,这类自然占有的面积最大。第三类自然是美学的自然,这是人类按照美学的目的而建造的自然,在历史上,他往往是模仿第一或第二自然而建造的,是对前两者的再现或抽象:东西方各种风格的园林都属于这一范畴。第四类自然是被损害的自然,在损害的因素消失后逐渐恢复的状态。"

综上所述,我们可以这样来理解农村景观:①农村景观属于第二自然的范畴,是以生产和使用为目的而不是以审美为目的而形成的景观类型;②相对于城市景观而言,农村景观是受工业化影响比较小,以生产性景观为其主要特征的景观类型;③农村景观呈现动态化的发展,是人类生产生活和自然环境相互作用的景观综合体,属于空间的范畴;④农村景观由聚落景观、以生产为目的的农林景观和自然景观等景观类型构成。

二、新农村景观的构成

农村景观所涉及的对象是在农村地域范围内与人类生产生活的活动有关的景观综合体,包含了农村居民的生活、生产和农村的自然环境三个层面,即农村聚落景观、生产性景观和自然景观,其中聚落景观和生产性景观属于人文景观的范畴。

自然景观是指农村地域范围内的自然环境,是整个大自然的一部分,是农村基础自然状况的反映;聚落景观和生产性景观是农村历史、社会、文化发展状况的反映,是人们长期和大自然磨合的结果,主要是为满足居住和生产、生活的需要,以农业生产为主的生产景观、特有的田园文化特征和生活方式是农村景观的最显著特征。

(一) 自然景观

这里的自然景观是指基本维持自然的状态,人类活动干扰较少的景观,构成自然景观的要素包括:地形地貌、气候、土壤、水文、大气、生物和土壤等,是农村特色景观构成的基础,具有明显的地域特征,为农村人文景观的建立和发展提供了丰富的土壤,体现了不同地域范围的自然肌理特征,是天然的、有自然成因构成的景观类型。自然景观是人类文明的源泉。中国地形丰富,具有不同的自然基底,如:东北长白山的林海,江南婉约的水乡,华北广袤的平原等,不同的地形地貌构成了不同地域的特色。

(二) 聚落景观

聚落景观包括村落布局、民居建筑风格、交通工具、风俗习惯、语言、服饰、宗教信仰、生活方式、农具等要素,是最直观的能让人看到的物质景观,其村落布局和建筑形式的变化、色彩的运用都是一种无声的语言,在向人们诉说着她的背景和历史,承载着当地人们生活的历史和生活方式的变迁。不同的地域具有不同的风俗习惯、不同的民族有不同的服装,这些都构成了不同地域的特色人文景观。

(三)生产性景观

生产性景观指以农业为主的包括农、林、牧、副、渔等生产性活动的景观类型,是农村景观区别于城市景观和其他景观类型的关键。生产性景观的形成离不开人的活动,与人的行为和活动息息相关。由于地形地貌的不同形成了各地各具特色的生产性景观,如:福建的梯田、海边的渔村、内蒙的牧场风光。可以看出生产性景观的形式是以自然景观为基础的,是人类在大地上劳作所留下的烙印,是因地制宜改造自然的结果。而人类的活动改造后的景观最终还是要受到当地自然形式的限制从而具有了地方特色。

第二节 新农村景观的研究背景和现状

一、新农村景观国内外研究状况

(一)国内新型农村社区规划建设发展初期分析

要对我国新农村景观规划研究持一种客观的心态,以做出比较实事求是的分析,首先应该了解我国和国外的乡村景观规划的研究背景。

郭焕成的《黄淮海地区乡村地理》(河北科学技术出版社,1991版)在80年代末开展的"黄淮海平原乡村发展模式与乡村城镇化研究",总结了改革开放以来,乡村发展的经济问题,探讨了区域乡村发展机制与模式,因此严格来讲,这只是从乡村地理学的角度研究了与农村景观相关的一些问题。肖笃宁的《景观生态学:理论、方法与应用》(中国林业出版社,1991版)主要研究重点是针对目前一些生态脆弱地区(如黄土高原、西北农牧结合带以及上石丘陵山区等)和城乡交错带进行景观系统分析和景观生态设计的研究,在1989年和1996年的第一、第二届全国景观生态学术研讨会和1998年沈阳亚太地区景观生态学国际研讨会上有比较集中的反映。其中,中国科学院沈阳应用生态研究所在组织和推动景观生态学在中国的基础性研究和应用研究方面起了重要作用。肖笃宁等先后主编出版了《景观生态学:理论、方法及应用》和《景观生态学研究进展》等2本具有代表意义的系统性研究文集。此外,景贵和、傅伯杰、陈昌笃、王仰麟、俞孔坚等在农业景观分析、景观系统分类、景观生态设计和布局等方面做了不少研究工作,一些研究成果在国内是具有开创性的。如景贵和的"土地生态评价和土地生态设计",肖笃宁等的"沈阳西郊景观格局变化的分析",傅伯杰的"黄土区农业景观空间格局分析",王仰麟的"景观生态分类的理论与方法"等。王云才提出乡村景观规划的7大原则:①建立高效人工生态系统;②保持自然景观完整性和多样性;③保持传统文化继承性;④保持斑块合理性和景观可达性;⑤资源合理开发;⑥改善人居环境;⑦坚持可持续发展原则。在此基础上,他进一步探讨了现阶段我国乡村景观意象、景观适宜地带、景观功能区、田园公园与主题景观和人类聚居环境等乡村景观规划的核心。王锐和王仰麟等提出农业景观生态规划应遵循5项原则:提高异质性、继承自然、关键因子调控、因地制宜和社会满意。谢花林等认为乡村景观规划设计应遵循整体综合性、景观多样性、场合最吻合生态美学原则。对于我国高强度土地利用区的农村景观生态规划,肖笃宁认为必须坚持4项原则:①实行土地集约经营,保护集中的农田斑块;②补偿和恢复景观的生态功能;③控制、节约工程及居住用地,塑造优美、协调的人居环境和宜人景观;④水山林田路统一安排,改土、治水、植树、防污综合治理。

(二)欧美国家和地区的初期分析

1. 美国

初期现状:美国是世界上农业现代化水平最高、农产品出口最多的国家。美国农业经营的主体是家庭农场。目前,美国约有210万个农场,其中家庭农场占87%,合伙农场占10%,公司农场占3%,大多数的合伙农场和公司农场也以家庭农场为依托进行生产经营。美国农业发展也面临着产业化危机,即按工业方法生产农产品所带来的系列问题,如种植业依赖化肥、农药带来环境污染;畜牧养殖业滥用抗生素导致美国人肥胖以及各种疾病发生率提高;机械化带来的农业就业能力弱化和对人与自然亲近关系的阻断等。面对这一危机,美国正在探索发展小规模的、用有机方法、靠社区支持的农业(简称可持续社区支持农业)。

措施:建设生态村。20世纪60年代以后,美国政府开始进行农村的合理建设,例如:完善交通网络建设,积极建设农村基础设施,推动"生态村"建设工程等方面。美国政府进行的"生态村"建设,不仅重视人与自然景观的和谐发展,而且重视恢复自然与人类生活中物质循环和能量流动,即对土壤肥力、环境、水、火、空气的保护。

2. 德国

初期现状:在第二次世界大战结束后,德国农村问题比较突出,城乡差距进一步拉大。由于农村公共服务等基础设施条件比较落后,农民仅靠农业生产难以维持生计,为了生存和发展需要,大量农业人口离开农村涌向城市寻找就业岗位,这使得城市不堪重负。

措施:"等值化"理念。该理念主要是指不通过耕地变厂房和农村变城市的方式使农村在生产、生活质量上而不是在形式上

第四章 新农村景观综述与现状

和城市逐渐消除差距,使在农村居住和当农民仅仅是环境和职业的选择,并通过土地整理、村庄革新等方式,实现"与城市生活不同类但等值"的目的,进而使农村与城市在经济方面达到平衡发展,也使涌入大城市的农村人口大大减少。"城乡等值化"理念提出之后,得到当地政府部门的支持,并开始在巴伐利亚进行试点试验。巴伐利亚试点村的"城乡等值化"主要包括片区规划、土地整合、农业机械化、农村公路和其他基础设施建设,发展教育和其他措施。这一计划在50多年前在巴伐利亚开始实施后并获得成功,最终使农村与城市生活达到"类型不同,但质量相同"的目标,这一做法被称之"巴伐利亚经验",这一经验和做法随之成为德国农村发展的普遍模式。改变了农村凋敝的状况,二战后巴伐利亚州通过土地整理和村庄革新等方式对农村进行建设,解决了农村基础设施严重缺乏,大量人口涌入城市,城乡差别大等问题,使农村经济与城市经济得以平衡发展。这种发展方式逐渐在德国全国范围内推广,之后被欧盟等国家陆续效仿。直到本世纪,德国依然推行整体协调、均衡的城乡发展模式,无论是大中型城市还是规模较小的城镇甚至边远的村庄,都同样拥有着宜人的环境、通达的交通和完善的基础设施配套服务,清新的空气、优美的景观、接近自然的生活品质使德国的村庄拥有现代城市所无法比拟的独特魅力。

(三)亚洲国家与地区的初期分析

1. 韩国

初期现状:作为一个人多地少的国家,韩国的耕地仅占其国土面积的22%。在20世纪60年代,韩国提出了出口工业战略,使其工业得到了快速发展并且初具一定规模。由于重工轻农的做法,使其农业落后,农民贫穷,工农脱节,城乡差距拉大,贫富差别悬殊。人均国民收入只有85美元,农业劳动力占就业总人口的63%。"住草屋,点油灯,吃两顿饭"是当时韩国农民的真实写照。

措施：韩国的"新农村运动"。上世纪70年代，韩国政府发起了"新农村"建设运动，开发、实施了一系列项目。这些项目以政府支出、农民自主开发和项目带动为纽带，形成农民和当地政府共同参与新农村建设局面。韩国的"新农村运动"经历了五个阶段：①基础设施建设阶段：目标是改善农村居住条件，例如：改善屋顶、厕所、厨房、围墙、公路、改良作物和畜禽品种。②扩散建设阶段：目标是改善居住环境和提高生活质量，改建生产公共设施、供水设施和文娱设施，新建农村社区，发展多种经营方式。③充实和提高阶段：重点是鼓励发展畜牧业、特产农业和农产品加工业，推动农村保险业的发展。与此同时，提供各种建材，支援农村的文化小区建设。④国民自发阶段：目标是调整和完善新农村建设运动的政策和措施，建立村民间的新农村运动组织，继续推广新农村运动的各项政策。⑤自我发展阶段：重点是政府倡导新农村运动社区自觉抵制不良现象和不良风气，致力于国民社会道德建设、集体意识教育和民主法制建设。

2. 日本

初期现状：日本的一个重要国情就是资源相对贫乏，人多地少。其土地总面积不到38万km^2，且耕地资源非常少。面对这样的国情，日本一味地追求工业的发展，以此来实现经济的飞速发展。但这种发展模式使日本的农业凸显出很多问题，造成了城乡差异矛盾和城乡差距也越来越大。农村人口逐步涌向城市，造成了农业耕地废弃和空置等非常严重的问题。

措施：为了解决这一问题，日本实行了大规模的"市町村"大合并运动，来平均城乡发展的不协调，促进城乡一体化建设。由于日本市町村的规模都比较小，难以大规模的发展，这一方面限制了农村的发展，另一方面也加大了政府管理成本，为此，"市町村"大合并就成为必然。

第一，为防止城市人口过度集中和农村人口涌向城市，日本

第四章 新农村景观综述与现状

政府推行了相关经济激励政策,如鼓励或对工厂下乡进行补贴,使城市大企业转移到农村地区投资建厂,以此来实现农民离农。

第二,加强农村基础设施建设。为了改善农村人居环境,由中央政府对农村建设项目进行财政拨款和贷款,地方政府除财政拨款外,还可以利用发行地方债券的方式进行融资,以此来用于公共设施的建设。

第三,积极发挥农协的积极作用,为农业劳动力向非农业部门转移创造了条件。此外,日本政府还制定了许多合理的政策,确保规划实施,而且在实施合并过程中,还特别注重传统文化的保护等。在日本农村改造和建设过程中,最具知名度的是1979年日本政府倡导的"一村一品"运动。该运动要求一个地区(县、乡、村)必须结合自身的优势条件,发展一种或几种特色的拳头产品、旅游项目、文化特色项目等。日本政府开展造村运动的目的是以发展特色农产品为目标,后来造村运动的内容扩展到景观环境的改善、文化遗存的保护、基础建设的建设、公共福利事业等整个生活领域,造村运动也由农村扩展到城市,从而变成了全民运动。

由此看来新乡村建设无论是作为先行发达国家农村社区建设主流的欧洲,还是新兴工业国家日、韩的农村社区建设,都是围绕"三农"问题而展开的。

首先推动农村社区的经济发展是根本。如何提高农业生产效率,增加农民收入是农村社区建设要解决的核心问题。农业生产效率的提高是振兴和建设农村社区的动力和活力。目前,我国推行的"一村一品"工程以及各项土地整理政策,也是推动农业产业化、集约化经营,提高农业生产率。

其次农村剩余劳动力转移是动力。与农业生产效率的提高同步,农村剩余劳动力转移成为每一个国家稳定、经济发展所必须解决的问题。目前,我国在统筹城乡发展中提出的"工业向园区集中"策略就在一定程度上为农村剩余劳动力在非农部门的就业提供岗位。而且公共服务设施及社会保障体系均等化,社区建设要坚持循序渐进模式。发达国家的经验证明,虽然各国根据实际情况采取的方式有所不同,但是农村社区在经济发展的同时,都很注重农村基础设施的改善,建立和健全公共服务设施和各项社会保障体系。目前我国也借鉴发达国家的经验,在逐步改善农村基础设施和公共服务设施,建立和健全各项社会保障体系,为农村新型社区的健康有序发展提供保障。农村社区的规划与建设是一项复杂与循序渐进的系统工程,社区规划与建设的推进也需要时间。因此,我国的农村新型社区规划与建设要学习日、韩的经验,采取分步实施、循序渐进的方式进行,不同的时期有不同的侧重点,逐步推进农村社区发展。

最重要的是要保护乡村环境、走可持续发展的道路。工业化迅速推进造成的农村特色消失、农村环境破坏等问题已成国家必须重视问题。因此,无论采取什么样的方式规划和建设农村社区,有效地保护乡村环境、走可持续发展的道路都是毋庸置疑的目标和原则。

目前,欧洲大多数国家农村地区的规划建设已经完成,并且进入了城镇化后期的调整和完善阶段。这个阶段,各国更强调可持续发展理念的农村土地整治和人居环境的改善;利用当地特有的自然环境进行自然景观的恢复与设计。在北欧、日本、巴西等国家的农区不仅是传统意义上的农业生产区,更成为国民和国外游客休闲度假、游览观光的圣地。同时,通过农区特色景观的展示,来表现自己民族特有的地域文化和民族文明。

二、城市化过程中农村景观的变迁

农村聚落作为人们生产、生活及周围环境的综合体,是一种直观、综合的人文景观。"村落代表一种地理景观,并非仅指农家居住聚落而已,它包括其周围一定范围的空间,至少是可以见到的田园景观的地方,才能称之为村落。也就是说,一方面以农家的居住聚落区所代表的,眼睛看得见的空间现象,可称之为村落;另一方面则代表居民意志,以眼睛不易看出的社会集团,也可称之为村落。"

（一）传统聚落空间布局影响因素

有一些学者对古村落景观进行了深入研究,其中刘沛林先生的研究成果认为中国古村落的选址、布局与营建过程体现出古人的和谐观、生态观及其追求诗画境界的理想环境观,其中宗族意象、趋吉意象、山水意象、生态意象成为中国古村落景观的最基本意象。

1. 因地制宜充分考虑环境特点——虽有人作,宛自天开

传统聚落的形成是人们长期以来适应自然和改造自然的结果,从最初的无固定居所靠采集生活到营造固定的聚落,人们在选址的时候很注重对自然环境的选择;另外,中国人民受"天人合一"思想的影响,讲究建设之初的相地,注重周围环境的质量,随坡就势,所建聚落一般与自然环境形成了很好的融合景观。

2. 核心场所理念的影响

中国传统村落在历史长河的发展中,自发的形成了一定的聚落布局特点,其中以核心理念最为典型,可以分为以下几种形式:

（1）物质形态的中心。这一类核心通常位于聚落的中心区域,譬如商业中心广场、公共氏族建筑、戏台等;功能性较强,是商业集散地、娱乐活动中心、休闲娱乐聚会的主要场所。

（2）精神形态的中心。在聚落中的位置较为不固定,通过物质载体来寄托精神,如：宗祠、牌坊、鼓楼、崇拜的老树等。

（3）二者的综合体。如在广西壮族自治区三江县马鞍寨,既有精神形态的核心鼓楼,又有物质功能性的核心风雨桥。核心场所聚集的功能产生在当时的社会生产力条件下符合人们的当时的生活习俗,折射出对当时社会环境,人文环境的适应和改造,是人的行为和需求的最直观的反应。对于我们当前的新农村规划设计具有很强的借鉴意义。

3. 风水观的影响

风水集天文学、地理学、环境学、建筑学、园林学、伦理学于一体，在中国历史漫长时间跨度和地域差别的检验下，显示出其与自然和谐发展、天人合一、天地人"三才"一统的观点。传统民居大多以风水为选择建造，反映了风水选址的"前朱雀，后玄武"的基本原则和"万物负阴而抱阳、冲气以为和"合一的理想。古代风水观不乏有迷信的成分在里面，但是从积极方面看，风水有尊重和利用自然资源的科学成分，它讲究选择既实用又景观资源优美的宅基和聚落环境。按风水要求，吉地一般背山面水，以主山为依托，两侧呈环抱状，合抱平旷的地坪，地坪前要有河流，较远处需有朝山作屏障，由外部进入这一盆地的狭窄水道为"水口"。可以看出这样的环境特点具有很好的小气候条件，在这类吉地营建聚落或住宅，不光可以满足民居建筑的实用功能，有利于生产和生活的进行，也表现了相当的审美价值。

4. 商业的影响

随着农业剩余产品的出现，一部分人从农业中分离出来，从事手工业生产，从而就形成了商业的雏形，"市"成为商业活动的载体，随着商业的发展，单纯的市不能满足人们日常生活的需要，就形成了固定的从事商业的店铺。由"市"向"商业街"的转化，影响了传统聚落民居的空间布局方式。由商业与建筑联系不紧密的街坊转变为采用沿街"前店后宅"或者"下店上宅"的住居形式。大大发展了街道在传统聚落中的作用和使用，对聚落的空间结构的变化具有不可忽视的作用。

5. 水系的影响

传统聚落的形成受水系的影响很大，水系形成了聚落发展的核心地带，紧邻水系既能满足生活用水的需要，又具有良好的生态环境条件。还有交通便利的特点，所以在中国大水系的地带大多形成了人类农耕文化主要的发源地，如：黄河流域、长江流域等,还有婉约的江南水乡,其鲜明的地方水乡特色营建了很多人向往的幽静、婉约的农村小镇风光,具有鲜明的地域特色和文化内涵。

6. 道路的影响

聚落有的也沿道路发展。这类聚落多具有交通枢纽的作用。道路成了聚落内推动经济发展的动力。道路两旁多设有经营性的建筑。与道路距离的远近成了土地潜在价值衡量的标准。

(二)村庄聚落空间形态的变化

当前,随着我国城市化快速推进,农村聚落无论从单体建筑外观,还是聚落规模、内部结构以及农村体系,都发生着巨大变化。村庄是数量最为广大的农村聚落,是在自然经济条件下人类自发聚居形成的农村社区,也是农村的基本组织形式。其变化主要体现在以下几个方面:

1. 线状蔓延趋势明显

随着工商业的发展和就业的变化,农民在选择新住宅区位时对耕作方便与否的考虑已大大降低。目前一部分农村劳动力已经脱离土地,以从事第二、第三产业为主,每天不是在居所与耕地之间往返,而是在居所和工厂之间穿梭。这大大地影响了农民建设新住宅时对房基地的选择愿望,由于沿路修建房屋不仅出入方便,而且潜在商业价值较大,可以开设商业店铺或者建商铺出租,因此只要符合土地政策,农民多选择在村落对外交通干线旁新建住房。有的村庄甚至呈现出"十里长街"的"排字房",格局统一,既无单体建筑美,更无群体构造美,形成毫无特色的村落空间结构和单调的视觉效果。

2. 村庄形态逐步向紧凑的格局演化

随着"迁村并点"的不断深入,村落间相互扩展或大村并小村的现象将逐渐增多,村庄集聚表现出以下几种类型:

①交通闭塞的村庄向交通便利的村庄集中；

②经济落后的村庄向经济发达的村庄集中；

③规模小的村庄向规模大的村庄集中；邻近集镇的村庄向镇区集中；

④几个行政村在不打破行政界线的前提下互相向接壤的中心村集中。

由此，村庄形态逐步向紧凑的格局演化。过去村庄分散的布局逐渐被改变，人口集中性增强，这就要求在合并后的农村重新进行规划设计，以适合多数人居住的需求，并同时对公共环境景观进行改善提出了更高的要求。

3. 空心村出现

根据村落住宅地异质性和新修房屋的比重，薛力把"空心村"发展过程划分为初期、中期和晚期三个阶段：初期阶段，农户的收入逐步提高，其差距也日渐增大，经济水平高的农户开始在村外围建房，村庄开始进入空心村发展的初期阶段，在这一阶段农宅的更新率不大，一般低于30%，村庄中新旧农宅的异构现象开始有所表现；随着经济的发展，新建住房逐渐增多，内部的农宅日趋老化以致废弃，此时村庄开始进入空心村的中期阶段，新建住宅的比例约在30%~70%之间；随着经济进一步发展，村庄农宅的更新率也进一步提高，同时，由于农户逐渐迁向村外围，村内的改造环境变得相对宽松。因此，村庄在外延扩充的同时也开始内涵发展，此时村庄开始进入空心村的晚期阶段，新建农宅的比例一般在70%以上，村庄开始出现新建农宅的同构现象。空心村的出现，使村落内部的用地变得宽松不像原来那么的紧凑，给改善村庄的环境提供了很大的发展空间。可以在村庄内部建设公共设施，居民休息、交往、儿童玩耍的活动场所，既美化和改善了村庄的内部环境，又远离交通主干道，增加了儿童活动场地的安全性。

4.村庄空间功能向多样化发展

传统村落主要是居住和休闲的生活空间,只有很少量的为农业生产服务的建筑用地。随着我国城市化的发展,村庄发生着巨大变化,已经不再是原来意义上从事单纯个体农业生产的传统聚落。如今,在城市化、工业化、现代化、市场化等多重机制的作用下,一些有条件的村落,率先从单纯的以农业生产为主发展为工业、农业、商业的混合型村庄。农村的生产要面临着变异、分化与重组,村庄正由"同质同构"向"异质异构"转变,从分散布局向集聚居住转型,同时,村庄性质也朝着多元化方向发展,城市和农村的关系发生了很大的变化,城乡一体化成为了当前必然的发展趋势。因此,农村景观也必将随着村庄格局的变化而发生复杂而深刻的变化。

(三)农业景观的变迁

十六大《报告》指出:"统筹城乡经济社会发展,建设现代农业,发展农村经济,增加农民收入,是全面建设小康社会的重大任务。"我国是一个农业大国,农业在国民经济发展中的作用举足轻重。我国农业历史悠久,养育了中华民族和中国古代的灿烂文明。21世纪里的农业同样将在中国城市化的新历史征程中处于极其重要的位置,发挥着不可或缺的基础和保障作用。农业是人类最基本的生产活动,对于农业的理解从广义的理解为包括农、林、牧、副、渔的第一产业。从现代社会发展趋势来看,城市和农村尤其是在发达地区,其文化水平、生活水平等方面的差异在缩小,而在生活环境上却有着很大的差异。农村那闲暇、恬静、清新的田园环境是生活在喧闹、嘈杂城市中的人们所向往的。因此,我们应当规划、建设、利用并保护农村景观,使其具有农业生产调节环境、休闲度假等多方面的功能。农业景观是农村景观的主要景观类型,是区别农村景观风貌和城市景观风貌的最根本特征。总体来说,由于占地面积广阔,地理类型多样,产生了丰富的农业景观类型,而恰是这类生产性景观决定了农村景观的整体。总体来看,中国的农业大体上经历了以刀耕火种为特征的原始农业,以精耕细作、施用有机肥作为特征的传统农业和以投入为特征的现代农业三个阶段:

(1)原始农业时期,是野蛮时代人们生存的依托,在人类与自然抗争的漫长历史中形成的,当时农业生产工具落后,种类少,生产水平低下,因而只能靠大自然的力量去恢复地力。有轮垦制、烧垦制的耕作方式。这类轮歇丢荒的耕作制度是极其粗放的土地利用形式。

(2)传统农业时期,传统农业是一种技术状态和资源要素水平长期内大致保持稳定不变的农业状态。随着铁制农具的出现和应用,原始农业进入传统农业阶段,发展了各种形式的灌溉农业,如引河水进行自流灌溉,引地下水灌溉,修建水井或坎儿井等发展井灌,具有精耕细作、自给自足、对大自然依赖性高的特点。

(3)现代农业阶段,是在20世纪初采用了动力机械和人工合成化肥以后开始的。现代农业与传统的自给自足的生计农业不同。是一种开放式、交换性、先进型的高水平农业生产力系统。它的产品不是以供给自己消费为主要目的,而是作为商品进入市场以获得利润为目的。所以,现代农业也成为商业农业。它着重依靠的是机械、化肥、农药和水利灌溉等技术,是由工业部门提供大量物质和能源的农业。现代农业景观与传统农业景观相比发生了很大的变化。由于城市环境质量变差,城市居民对农村特色景观的向往和旅游业的发展,农业与旅游业相结合逐渐向观光休闲农业转变,形成了当前农村景观又一个新的发展方向。

三、新农村景观与农村景观规划设计的内涵与意义

从地理学的角度看,乡村景观是指具有特定景观行为、形态和内涵的景观类型,是聚落形态由分散的农舍到能够提供生产和生活服务功能的集镇所代表的地区,是土地利用粗放、人口密度较小、具有明显田园特征的地区。从景观生态学的角度看,乡村

景观是指乡村地域范围内,不同土地单元镶嵌而成的镶嵌体。它既受自然环境条件的制约,又受人类经营活动和经营策略的影响。嵌块体的大小、形状和配置上具有较大的异质性兼具经济价值、社会价值、生态价值和美学价值。乡村景观生态系统是由村落、林草、农田、水体、畜牧等组成的自然—经济—社会复合生态系统。乡村景观既不同于城市景观,又不同于自然景观。其特点之一是大小不一的居民住宅和农田混杂分布,既有居民点、商业中心,又有农田、果园和自然风光。乡村景观的美不仅是形式上的美,更是建立在环境的秩序与生态系统的良性运转轨迹之上,体现生态系统精美结构和功能的生命力之美,符合可持续发展观的乡村景观,应该是融合自然美、社会美和艺术美的有机整体。

乡村景观规划设计指如何合理地安排乡村土地及土地上的物质和空间,来为人们创造高效、安全、健康、舒适、优美环境的科学和艺术,为社会创造一个可持续发展的整体乡村生态系统。乡村景观规划设计的内涵包括如下几点:①它涉及景观生态学、地理学、经济学、建筑学、美学、社会政策法律等多方面的知识具有高度综合性。②它不仅关注景观的中的核心问题——"土地利用"、景观的"土地生产力"以及人类的短期需求,更强调景观作为整体生态单元的生态价值、景观供人类观赏的美学价值及其带给人类的长期效益。景观规划的目的是协调竞争的土地利用,提出生态上健全的、文化上恰当的、美学上满意的解决办法以保护自然过程和重要的文化与自然资源,使社会建立在不破坏自然与文化资源的基础之上,体现人与自然关系的和谐。③它既协调自然、文化和社会经济之间的不协调性,又丰富生物环境,不仅要以现在的格局,而且要以新的格局为各种生命形式提供持续的生息条件。④它集中于土地利用的空间布置,根据景观优化利用原则,通过一定地点的最佳利用或一定利用方式的最优地点进行景观规划。乡村景观规划的核心是生态规划与设计。

乡村景观规划的意义在于,景观规划强调的是资源的合理、高效利用和传统景观的保护,是在城市化与环境之间建立协调的

"城市—区域"发展模式,使城市化过程建立在充分考虑区域景观特征和环境特征与演变过程的基础之上。同时,景观规划强调在保护与发展之间建立中长期的景观均衡模式,并强调人地协调,以改善人类聚居环境和提高生活质量为根本。乡村景观规划不仅突出对自然环境的保护,而且突出了对环境的创造性保护,突出景观的视觉美化和环境体验的适宜性。景观规划的目标与可持续发展的目标也是一致的,进行乡村景观规划,在自然景观环境保护与经济发展、社会进步和人民生活质量提高和未来社会的持续发展之间,建立可持续发展的体系。

新农村景观的规划符合科学发展观、可持续发展观的思想观念,是建设资源节约型与环境友好型农村的关键环节。新农村景观的规划是以遵循环境秩序为前提而进行的,体现的是一种生命力之美,是与可持续发展观相适应的一种景观设计,是人们思想上的一种进步。

四、新农村景观规划设计的任务

从文化发展的角度上考虑,农村传统聚落地区悠久的历史给我们留下了丰富的文化遗产。作为有价值的传统聚落,其原先的人居环境应得到保存,但是同时它又要满足现代农村居民的现代生活需求。随着城市化和旅游业的发展使得农村居民对居住环境有了更高的要求,许多传统民居建筑在功能和数量上已不能完全适应现代生活的需要,有的还会对生活的现代化进程产生阻碍作用。农村居民们普遍要求改善居住条件,提高住房水平。现有土地政策也鼓励农民拆旧建新,以免耕地减少。在这一宏观背景下,目前各地的农村已有为数不少的新建房,而遗留下的绝大多数传统住宅也面临着修缮的问题。因而如何进行物质空间和人文空间的变动和重新建构,使文脉得以延续,怎样在改造和发展新农村中取得新旧和谐,创造宜人的农村环境空间,是历史和时代给我们的一个大的课题。

第四章 新农村景观综述与现状

当前对农村的开发建设不可能完全照搬旧有的村落建设模式和环境肌理,也不可能照搬与农村景观完全不能融和的城市建筑形式和环境景观,具有乡土特色的外部环境以及丰富的空间场所才是村落最为重要的特征,而它与村民的日常生活和地域文化特色密切相关。基于以上观点,笔者认为在新农村建设的热潮中,从规划学和现代景观学的角度出发,构建新农村环境景观体系,改善新农村人居环境,建设和谐优美的自然生态环境,因地制宜梳理农村景观,保护农村乡土特色,发挥植树造林,绿化美化农村的优势,保护和建设农村生态环境,建设村容整洁、集休闲旅游和复合生产为一体的新农村景观是一项具有现实意义的事情。

五、新农村的现状及新农村建设中存在的问题及解决方法

改革开放二十多年来,随着农村城市化进程和农民生活水平的提高,大批的村庄面临着改建更新的局面,农村的居住条件和生活环境在经济大发展的背景下,在建设中逐渐得到了改善;但一分为二地看,农民的住房质量虽然大有提高,但是村落景观却出人意料地呈现倒退景象,随着工业的发展,城市化的进程加快,人口的压力和环境污染的加重,严重威胁着乡村的生命力,也使乡村固有的乡土风貌和文化景观受到了破坏。许多农村的农田和菜地被侵占,致使农村的田园景观在不断受到冲击。我们不难看出在社会经济迅速发展的同时,既带来了农村景观建设高速发展的契机,也暴露出了农村景观规划建设上的重大隐患,出现了诸多问题,亟待研究解决。

(一)农村的现状

长期以来,由于受城乡二元结构体制的影响,农村的村庄建设基本都是农民自主建设,村庄环境可以用脏、乱、差来形容:几乎所有的村庄都没有污水处理;大部分村庄垃圾随处丢,没有统一的垃圾处理,部分还是人畜混居,;村庄内的许多道路没有实

现硬化,由于居民的污水随意排放到道路上,使村内的道路泥泞,通行受到影响,如果遇到雨雪天,更是无法通行。居民居住环境非常差。

随着城镇化的健康发展,城乡的进一步融合,城市的景观、生活在广泛地影响着农村的居民,促使农村的人居环境有了很大的改善。另一方面随着农民经济水平的提高和对更高的生活质量的追求,使农民从观念上开始注重居住环境的质量,在经济条件允许的状况下进行房屋建设,村落绿化建设,道路的修缮硬化和绿化,还增加了健身娱乐设施。1980年以后,农村的住房条件大有提高,先富起来的村落对居住环境也有了高的要求,兴建了村公园。使农村的环境质量有了一定的提高和改善。

但是在村庄的建设中也出现了诸多问题,这些问题的出现已经引起了有关专家学者的重视,开始从生态环境保护、旅游开发、人文景观再现、延续和城乡一体化的宏观角度加强了对农村规划、保护和建设方面的研究。加上农村许多当地政府的反思和重视,已经出现开始注重前期规划设计的趋势。相关的法令和法规也正在被提上日程。

(二)新农村建设中存在的问题

当前的农村规划滞后,目前,虽然全国有的村庄已经编制了村庄总体规划,但是大多没有和近期编制的城市和县域总体规划相衔接,有一部分对农村未来的发展定位不够准确。对于管理者来说,制定规划只是政策需要,没有真正实施的可能。已经建成的新村,缺乏农村的环境特征,设计者没有对农村进行深层次的文化挖掘,一味迎合居民的需求。

1. 建筑形式欧化

由于西方文化对我国文化和人民思想的冲击和影响,致使农村的居民也盲目的模仿城市中见到的欧式建筑,在有着5000年中华文明的土地上长出了欧式特征的建筑,破坏了中国农村特有的文化内涵和特色田园风光,岂不知欧式建筑的形式是和他们国家的文化一脉相承的结果,我们的农村民居建设也应该植根于我们的传统文化和历史文脉的继承和发扬。

2. 环境景观设计城市化

当前的有些农村环境景观设计不尊重农村的地方文化和场所精神、不考虑农村的环境特征,没有有效地保护和继承农村景观的固有风貌,而将适合城市环境的设计照搬到农村的规划设计当中。修建了不适合农村规模的宽马路,大尺度的广场,只有"广"而没有"场"的概念,非常地不适合人的使用尺度,在路口、广场上建大钢雕,不仅破坏了农村的田园风貌还造成了土地利用的浪费.

3. 缺乏"以人为本"的设计

农村居民的生活方式和城市居民的生活方式有着显著的不同,在设计中,不能以适合城市居民生活方式和行为方式的环境景观设计移植到农村,有些设计缺乏对农村居民的心理、行为进行充分的研究,造成建成的环境使农村居民使用不便,缺乏吸引力和实用性。无论什么样的规划设计,目的都是要为人解决问题,最终来为人服务和使用的,只有符合当地人的需要的规划设计才称得上是好的设计。规划设计是新农村建设的基础,"好的开始是成功的一半",要想在新农村建设中做到事半功倍,低水平的规划和无规划的建设同样是不允许的,这需要专业的设计者必须具有很强的社会责任心和专业精神以及对当地历史和现实情况的深入了解,才能在新农村建设中起到控制景观风貌的作用。

4. 农村居民思想观念认识存在偏差

长期以来,由于城乡二元结构的影响,农村居民的生活水平和经济收入都普遍比城市低,造成人们思想观念上认识的错误,认为只要是城市的就是"现代的""好的",只要是农村的就是"土的""不好的"。改革开放以来,随着经济的发展和农村居民收入的增加、生活水平的提高,农村居民对其居住条件有着求新求变的心理,在缺乏正确观念指导的情况下,城市的建设模式和建筑特点误导着农村居民的建设思想,加之农村的民居建设大多是农民自主建设,由此就使土不土、洋不洋的建筑形式在农村这块土地上生根发芽。这种没有专业人员指导的农民自主建设,拆了建,建了拆,造成了农村建筑布局和景观环境相当混乱,造成了许多中国特有的传统乡土文化的丧失。

5. 农村环境质量下降

由于工业的发展,许多工厂以乡镇企业的形式,扎根于农村,虽然对农村的经济产生了一定的带动作用,但是严重地破坏了农村的生态环境,污水随意地排入河流。加上对农田的侵占等都使原来的生态系统遭到破坏。当前的某些建设中还出现了填河、挖湖的做法。另外随着经济的发展,农村家家都有摩托车等机动交通工具,大量尾气的排放使空气质量变差,但却没有引起农村居民以及相关政府部门对环境保护的足够重视。建设中为了建成城市景观,为了"不露土",许多当地的植被被砍伐,代之以水泥的硬质铺装。所有的这些都致使当前的农村环境质量在不断下降。

(三)解决方法

(1)大力推进现代农业建设,与景观设计相结合,形成具有本土特色的大地景观。加快农业科技进步,加强农业设施建设,调整农业生产结构,转变农业增长方式,景观设计多用生产性景观,优化农业生产布局,提高农业综合生产能力。

(2)坚持以人为本,按照统筹城乡经济社会发展的要求,采取综合措施,加大扶持力度,广泛开辟增收渠道,充分挖掘农业内部增收潜力,扩大特色养殖、特色种植等劳动密集型产品和绿色食品的生产。

(3)农村建设项目的开发与环境同步建设,保证规划的实施,以富有文化内涵的景观设计吸引城市旅游,改善农民生活环境。

第四章　新农村景观综述与现状

（4）加强农村精神文明建设,大力发展农村文化事业,开展健康的文化体育活动,加强农村公共卫生和基本医疗服务体系建设,基本建立新型农村合作医疗制度,不断建立健全农村养老、医疗、低保等社会保障体系。

（5）保护和传承乡村景观的原汁原味,多用乡土植物,因地制宜,充分挖掘乡村景观的特色,突出文化内涵,建立起极具精神内涵的空间环境。

第五章　新农村景观体系与案例分析

第一节　新农村景观体系

新农村景观环境体系构建对于新农村建设、改善农村环境起着重大作用,应该成为农村规划中不可缺少的一部分。农村有其自身的特点也有诸多的问题与困难,完全套用城市景观系统规划编制办法显然有失偏颇。景观系统规划不是单纯的专项规划,也不是一个种植规划设计的集合,而是一项综合性的工作。因此笔者从宏观的角度来进行新农村景观环境体系构建的研究。合理规划控制,使城镇与农村绿化网络由城市—郊区—农村依次连接、延伸、贯通,构成城乡一体的环境景观空间网络体系。使城市景观绿地系统和农村景观绿地系统相连接,形成绿色生态城市—绿色生态镇—绿色生态村环境景观体系链,将农村建设成为城市的绿色氧吧。以滨水防护林、防污染隔离林、环镇保护林等为隔离工业与生活区、建设区与非建设区的绿色隔离屏障,以道路林带、水系林带、农田林网为网络,链接城镇公园、郊野公园、生态果园、自然保护区、湿地公园等生态主体,建立"布局合理、功能丰富、形式多样、具有特色、景观优美、生态型"的新农村景观体系,并将其最终与广袤的大自然环境相融合。

一、新农村景观体系的框架

在全面落实科学发展观,面向现代化,面向城乡一体化、坚持

第五章 新农村景观体系与案例分析

可持续发展原则的前提下,结合农村规划,尊重农村地域条件和乡土文化特色,将院落、农田、道路、河流、池塘、山地、林地有机组合,建设"点、线、环、廊、园、林"相连通的新农村景观环境体系。

(1)点:指民居庭院。民居庭院绿化可以使每户居民院落各具特色,以提升民居的景观视觉和生态环境质量。

(2)线:指农村镇区内部的街道空间。除了满足交通功能外还有农村居民日常娱乐、休闲、交流的户外空间。绿线的形成,有助于与农村外部的廊、园、林形成贯通的绿色景观廊道。广场往往与线性的街道空间相联系,是居民们进行娱乐、交往、休闲的场所,能提高农村居民日常户外休闲娱乐场所的环境质量。

(3)环:农村建设区周边地区依据生态环境,建设保护绿带,形成环农村保护景观林带。在农村企业与农村居住地之间,建设隔离防护林能将工业与生活安全隔离,并起到协调两者环境景观的作用。在农村传统聚落和新区之间,建设景观林带,将二者隔离,即是对旧区的保护措施,又起到对新老建筑景观融合、协调的作用。

(4)廊:按照"水网化、林网化"的理念和当地自然地理环境格局特点,建设"绿色廊道",增强农村之间、农村与城市之间、水系之间、农田与林地之间的连通性,规划农村的田园、森林、河流等大地景观,形成道路林网、水系林网、农田林网等三网相融的绿色生态网络系统,是控制农村环境景观体系的脉络。

(5)园:根据当前农业旅游的发展趋势,和农村居民对游憩公园的需求,在遵循农村总体规划的基础上,分别形成自然公园、文化公园、农业观光休闲园、社区公园等。为农业观光旅游、自然资源保护以及农村文化、居民活动提供场地,通过旅游促进农村的景观建设,缩小城乡差别,增加农民收入是新农村景观品质提高和乡村特色塑造的重要部分。

(6)林:在退耕还林的时代背景下,根据立地条件分别设置平原防护林、水源涵养林、山地保护林、滨水防护林、防污染隔离林、环镇林带等为绿色生态隔离屏障,以道路林带、水系林带、农田林网为网络,链接城镇公园、郊野公园体系、农业观光园、生态果园,自然保护区、湿地公园等生态主体,起到生态纽带的作用。

二、新农村景观的规划重点

(1)新农村景观规划应该放眼于整个城镇区域,在城镇体系以及农村规划标准的指导下,参考农村所属的当地城市的总体规划和县域规划,统筹考虑城乡景观融合和差异的关系,兼顾经济建设和环境保护的关系,使城乡协调统一发展。

(2)对村庄现状资料进行收集、整理、汇总,绘制现状图,统计各类数据,以作规划参考,并为以后的规划管理提供原始依据。

(3)合理安排各类绿地在农村中的分布,采用分散的带状绿化构成开放、连续贯通的农村绿地网络系统,为农村居民提供舒适、安全、优美、实用、具有地方文脉特征的游憩、交往空间。

(4)加强对历史文化、景观资源和现有林地、水系、传统民居建筑、宗教建筑等的保护,协调好保护和更新之间的关系,突出农村田园风貌建设。

三、新农村意象景观体系

从农村绿地的观赏效果出发,以景观为中心,最能唤起人们对场地的印象,将道路、边界、区域、节点标志五大要素组合,提出适合农村意向的农村景观环境意向体系,这种体系可以增加农村的吸引力,尤其对旅游型的农村,可以增加旅游项目的吸引力。

在规划中,除了从绿地的功能、景观生态学角度考虑外,还应该从景观审美的角度重新重视景观环境系统的规划,创造出具有特色、使人印象深刻的新农村。农村镇区环境景观系统分为公共活动区景观、边界景观、本底景观。

公共活动区景观主要指为公共活动提供服务的场所,其中包括标志性景观、节点景观、道路景观。标志性景观是指具有明显特征而又充分可见的,起到定向作用的景观,节点景观是指人们可进入的在焦点位置处的景观,如交叉路口、道路起点和终点、广场等人流集散处,道路景观是指通道内的线性景观。

边界景观是指不同区域的分界线处的景观。

本底景观是指具有普遍绿化性质的、能够衬托整个区域、具有共同绿色特征的景观。

四、新农村聚落景观体系规划设计研究

当前农村聚落依然作为人们生产、生活及周围环境的综合体。农村聚落与广大农村居民生产、生活息息相关,有着浓厚的生活基础和浓郁的乡土生活气息,其主要包括房屋建筑物、街道、广场、公园、运动场等人们活动和休息场地,还包括供居民洗涤饮用的池塘、河沟、井泉,以及聚落内部的空闲地、菜地、果园、林地等部分。

农村聚落是农村景观环境体系很重要的一部分,包含了景观体系中"点"、"线"、"面"、"环"的体系构架。农村本身坐落于田野之间,相对城市有着优越的生态环境条件。村落之中,每家每户有着小果园、小菜园环绕在房前屋后,呈现出一派乡野的农家风貌。随着农村城市化和现代化的发展,居民房前屋后的土地曾被硬质地面所代替,绿化从人们的眼中消失。随着农村规划和建设的加强,特别是在一些富裕村,农民生活条件大幅度改善以后对居住环境质量和视觉美的要求越来越高,农村绿化、美化和生态化被重新纳入了规划。

1. "点"——民居庭院空间景观规划设计

庭院是中国传统空间体系的核心,"院落"是中国传统建筑组织群体空间的基本单元,庭院空间在中国传统建筑中具有无可替代的地位,是在长期的聚落居民和自然界的相互作用中形成的具有浓郁人文气息和自然气息的私密空间。在农村,庭院里可以安排生产、起居、用餐、休闲、储藏、晾晒等多项用途,由于农村庭院是生活和生产场所的一部分,所以对这部分空间处理应该注意其多功能性。在中国古代的文献中就有很多对庭院的描述。

农村的庭院属于居住型庭院。从构成形态来看,居住型庭院可按四个方向所聚合的单体建筑情况,分成三种基本模式:第一种是四合院形态,庭院四周都有单体建筑围合。第二种是三合院形态,庭院三个方向由单体建筑围合,另一方向由院墙构成。第三种是二合院形态,两个方向为单体建筑,另两个方向由院墙或围廊构成。南方许多住宅为避免西晒而不设东西厢房,就属于这种形式。

农村住宅形式有别于城市模式,有其自身的特点,是传统风俗、生产、生活习惯与现代生活节奏融合的结果,有着其在漫长历史长河中累积的丰富人文气息。而随着当前经济的发展,农村庭院经济已经成为农民致富的一条途径,农民从这种庭院经济中得到了实惠,由于在庭院中种植经济作物具有方便、易于管理的特点,所以呈现了蓬勃发展的趋势。

遵循形式美的原则,在兼顾生产性的基础上对农村民居的庭院进行景观规划设计研究。庭院景观主要有以下几个要素构成:

(1)植物种植景观。种植庭院树木,是庭院不可缺少的要素,可以改善院落小气候,为居者提供一个好的小气候环境,还可以为家畜家禽提供遮阳的场所。

庭院植物种植的树种选择要因地制宜,选择当地树种。我国地域广大,各地域气候条件不同,对阳光的需求也不相同,故庭院种植乔木要根据当地的气候条件来种植。院内种植遮荫树,搭设葡萄、藤萝架和花架等来改变局部光照情况。南方地区由于日晒强,夏季的荫蔽很是重要,而北方地区冬季寒冷漫长,规划设计应考虑采光的需要。

植物配置上要乔、灌、花、果、蔬相结合,突出四季特色,适当栽植秋色叶树种,丰富庭院的色彩。要把绿化、美化、彩化、香化、田园化紧密结合起来,体现农家小院悠闲、舒适的氛围,以生产性的果树和用材树种为主,兼顾观赏功能。

(2)蔬菜栽培景观。许多蔬菜都有漂亮的叶子和花朵,以及沁人心脾的香气,它们可以像其他的庭院观赏植物一样,让庭院变得生机勃勃,赏心悦目。同时对于改善庭院的小气候也起到功不可没的作用。许多蔬菜本身也可用于观赏,如莲藕,荷花花朵娇艳、花香四溢,又如生姜,姜花洁白如雪,近年来被当作鲜花利用。

（3）水景环境。庭院中要经营好水环境。在南方地区雨水充沛,下雨的日子甚多,所以院内终日潮湿润泽,为此南方院内铺装多用花岗条石或卵石密排,周围留出排水沟槽。每逢雨日,檐头滴水如注,尤如珠布。而北方缺水地区为弥补此缺陷,往往院中央开凿水井是普遍现象。

（4）设施景观。庭院中的水井、农具是庭院中具有乡土特色的景观要素。传统农具具有就地取材、轻巧灵便,一具多用、适用性广等特点,如：石碾、石磨、石马槽、筒车、辘轳等,是具有明显乡土特色的农村小品景观,对农村景观风貌的塑造具有画龙点睛的作用。

2."线"——街道空间景观规划设计

在《辞海》街道的定义为旁边有房屋的比较宽阔的道路。街道,作为交通的通道首先从属于道路。道路是伴随交通而产生的。《尔雅》中讲:"道者蹈也,路者露也。"

中国传统的农村街道景观设计是依据自然的地势、地貌、山川、河流等自然环境而设计的,是"因势利导,因地制宜"的设计理念,也是"道法自然"的设计思想,体现的是一种人与自然融合的设计理念。

（1）标志点。标志点是指可以代表农村象征的标志点,它们往往最容易识别,也最容易记忆,比一般事物给人留下更深刻的印象,更能勾起人们对村庄的向往和美好的回忆。传统村落的空间标志由于形成于不同年代,往往还是时代的标志,历史的标志,更具有深刻的人文内涵,各种纪念碑和一些历史文物皆属此类。还可以抓住那些反映地理、历史、文化、风俗的地名和典故,借作标志。街道中的标志可以是建筑,可以是历史悠久的古树名木等,带着历史的沧桑,给人留下深刻的印象。

(2)特色空间。民族或地区文化特征的地方性是在一定的自然环境、历史条件和社会需求下,产生、发展并逐步完善形成的。比如,北方的环境和生活造就了开敞明朗的空间布局,江南的环境和生活方式则衍生出江南的小桥流水。再如,富有地方特色的广东和闽南一带的骑楼,将沿街公共建筑的底部全部架空,允许人们进去活动,适应了当地炎热多雨的气候条件,为居民提供了风雨无阻的活动空间,同时又扩大了人们视线内的街道尺度感。在新农村的街道建设中,应该着重以上特色的营造。

(3)新农村街道景观设计。街道不仅具有物质的属性,同时还有文化的表征,由于历史的沿袭和文化的积淀,融入了该地区民族的环境特征、风土人情价值观念及文化思想。这些集中反映在街道整体景观上。本书运用规划学、现代景观学、建筑学三个学科理论相结合研究新农村街道景观的规划设计。农村街道景观构成要素包括物质要素和人文要素。

1)物质要素包括:自然景观和人工景观。

①自然景观包括地形地貌、植物、水体。地形地貌是街道所处地域的特征,如平原、丘陵、水乡等不同的地理特征,只有结合当地的地形地貌精心设计的街道才是具有地域特色和个性的街道。绿地是环境建设的基础,植物除有维持生态平衡,保护环境,为居民提供休息、娱乐场所等作用外,还为人们带来自然意识和生机,是美化环境、创造丰富而又和谐优美景观的重要手段。乔木具有高大的体形,以粗壮的树干、变化的树冠在高度上占据空间;灌木呈丛生状态,临近地表,给人以亲切感;花卉具有花色艳丽、花香馥郁、姿态优美的特点是景观环境的亮点;草地是外部空间中最具意义的背景材料。植物的有机组合,特别是随季节更替的生长变化,给景观环境带来无限生机。在农村街道景观中,植物的运用也可合理的种植蔬菜或者果树,春天开花,秋天结果,使村落的街道景观更加具有田园风光。

水体：在南方水源充裕的区域，街道一般是和水系相联系的，古代甚至就是河道代替了街道的功能，用以满足人们日常生活和交通的需要。现代大多要不就是在河道的边上重新建立了滨水街道，要不就是将原有的有保留价值的传统聚落作为历史文物遗产保留，居民另辟新区居住。

②人工景观包括建筑，街道铺装、水渠、街道小品、宣传广告。

芦原义信在他的《街道构成》一书中写到："街道，按意大利人的构思，两旁必须排满建筑形成封闭空间，就像一口牙齿一样由于连续性和韵律而形成美丽的街道。"

路面设计首先要根据交通功能的需求，对路面材料、结构、形式等加以选择，以提供有一定强度、耐磨、防滑的路面，同时也要注重视觉的感受。色彩质感是指构造物色彩和材质给人的感受。色彩和材质是感官审美对象的属性之一。在街道的路面设计中，应对街道的路面材料、颜色和质感予以充分的考虑。

水渠是在农村常用的一种排水系统，用于家庭污水和雨水的排放。当前的新农村建设中水渠的铺砌材料应该选用当地材料，最好不使用水泥铺砌。农村街道的小品具有区别于城市街道小品的显著特征，是乡土特色，应尽可能的运用乡土材料，突出乡村景观的原汁原味。

2）人文要素主要包括：人的行为，表现为交流、观看、娱乐及风俗习惯等。当前仍有很多的农村居民保持了在街道上乘凉、交往、游戏等习惯。设计者只有体会把握住了这种历史积淀，才能有的放矢的去做设计，如果设计能与当地风俗文化相符合，或与其变化的趋势相符合，那么居住在此地的人们就会准确无误地运用它，环境也因此成为记忆的唤起者，成为场所。

3. "面"——广场空间景观规划设计

在中国传统聚落布局中，为满足居民生产和生活的需要，出现了很多具有非生产性活动的场所。传统聚落的核心场所往往是商业的集散地，娱乐活动中心，休闲娱乐聚会的主要场所。通常数种功能合而为一,在某一时段内,某种功能有主导性,譬如云南丽江古镇的四方街,原来有商业集散地的功能,人们大都来这里赶集,交换所需要的商品。而今天,由于历史的演变,以及近年来的旅游业冲击,四方街变成了一个主要的休闲娱乐场所。本地的居民在此休闲娱乐,来到这里的中外游客也在此体察民风民俗。功能有了巨大的变化,这里既有历史的发展,促其缓慢演变,又有其旅游业突飞猛进,促使其功能随着人们生活方式的变化而变异。但四方街的物质形式几乎没有什么变化。传统聚落中有承载当地居民精神寄托的鼓楼、宗祠、庙宇、牌坊、崇拜的老树等,所处的场所是充分表现当地民风民俗的场所,但位置不一定处于聚落的中心。商业活动、娱乐、结交邻里是传统聚落核心功能的主要组成部分。农村娱乐活动占有主导地位多是演戏或是村民之间的民俗活动,这也是传统聚落里主要的娱乐方式。

总的来说,由于生产、生活的需要和精神寄托等方面的影响,农村居民需要有一处公共活动的场所。所以在当前的新农村建设中,基于对农村居民生活习惯的尊重,对民风民俗、历史文脉传承和对当前居民某些生活方式变化的考虑,总结以下新农村广场规划设计的要点:

(1)空间的层次化和功能的多样化。首先,基于对场地的考虑,农村广场的规划设计应该是尺度宜人的,不能盲目讲求大尺度。服务对象是广大农村居民,要根据居民的生活习惯和行为方式进行规划设计。基于当前有些农村居民人口大量外出打工,留守的多为老人、孩子、妇女等弱势群体,设计中在综合考虑的基础上,应该多考虑他们的使用,注意无障碍设计和教育性场所的营造。

(2)地方特色和文化的传承。广场设计应注重特色性和文化的传承。广场通常是村庄历史风貌、文化内涵集中体现的场所,其设计既要尊重传统、延续历史、文脉相承,又要有所创新、有所发展。纪念性广场运用历史建筑符号来表现村庄历史延续的隐喻、象征的装饰手法是农村广场设计的发展趋势。

(3)广场绿化是广场重要的组成部分。广场绿化应根据各地特点、风格以及广场的使用功能、面积大小和形状来布置。一般广场的绿化可从立体层次来考虑,高大的乔木、灌木可作为景观主体;低矮的灌术可以分割平面、组织交通,起一定的内部图案作用;草皮适宜于活动人数不多、人们短暂休息的场所。公共活动广场要满足人的活动,铺装面积相对要大,便于人们活动和紧急避难。

结合农村独有的特性,采用乡土化的设计手法,利用当地材料、传统符号、社会、人文特色,展示地方自然风貌、风土人情,强调节点的实用性、观赏性、地方性与艺术性的结合。

4. 新农村建筑景观的更新与发展

"从设计对象中发掘建筑的文化内涵,并加以时代的创造,丰富建筑艺术的表现力,这是我们一贯的追求。"——吴良镛。

根据《农村规划标准》中建设用地的构成比例规定,农村中建筑和构筑物占整个建设用地的比率为42%～82%不等,也就构成了农村景观环境的核心组成部分。而此农村不同于彼农村的一个重要原因,也在于地区建筑上的差异。研究农村建筑景观构成,对于农村的风貌形成和形象设计,具有现实意义。

中国的传统民居,都是受着气候、地域、文化、民族、宗教等因素的影响,从而产生了不同的环境设计理念和民居的建筑风格。但是我国传统民居都是在以人为本和天人合一理念的基础上逐步建设起来的,民居的建筑风格体现了当地民风民俗和宗族观念,这些不同风格的建筑,在不同地域的条件下,结合本民族文化特征,因地制宜的衍生出了丰富的建筑形式。许多传统民居经过长期演变,仍蕴含着丰富且朴素的环境理念,与周围环境和谐相处。如江南的建筑飞檐,一方面有它的形式美在里面,另一方面飞起的翘角将人的视线引向天空,巧妙的构思无形之中将建筑所处的环境空间扩大了,将环境和建筑很好的融合在了一起。传统建筑中有很多优秀的设计方法都是我们今天的新农村住宅设计可以借鉴的。建筑作为农村景观的主体,也是构成并制约农村景观的基本因素。传统建筑由于其文化地位、文化价值不同应采取不同的处理方法。一方面,对于体现传统建筑艺术或古代文化风貌的有保留价值的传统古建筑,要采取妥善保护的方式。另一方面纯粹单一的保护老建筑,并不能使其真正焕发生机,没有功能依托的建筑最终还是要灭亡的。随着时代的发展,许多老建筑在功能上已经无法满足现代人生活的需要,传统民居与现代人的生活之间表现出了许多矛盾。

①传统民居和现代家庭结构的矛盾。传统民居容纳的一般是封建家长制大家庭的生活模式,而现代生活导致家庭结构的变化,从过去的大家庭向核心家庭过渡,一个家族集居在一个大院内的方式已不适应现代小家庭生活的要求,昔日民居的族群院落的优越性正逐渐丧失。

②传统民居和现代城市化发展的矛盾。我国人多地少,人口密度较高,随着人口的增长,用地日显不足,而农村中住宅规模比较粗放,同时一些传统民居空间较大利用不充分,十分浪费,应该减少人均占地规模。

③传统民居和现代化生活之间的矛盾。传统民居缺少水、暖、电、气等设施,适应不了现代人物质生活的要求,也无法解决交通、防火、防灾等安全要求。

④传统民居所包含的传统居住观念及风俗与现代居住观的矛盾。由于现代生活文化观念的变化,导致人们的伦理观、价值观及宗教信仰、生活习俗等方面的变化,传统民居很难适应现代人精神生活的要求。

鉴于以上种种变化,在新建筑的设计中主要是完善建筑功能空间,根据现代人的生活方式增加新的功能,在保留传统建筑地域文化特征的同时,充分利用先进的技术和手段,创造出符合现代需要、满足现代人生活需求的"现代"农村建筑。针对当前新农村建设中出现的问题,我们应该从以下几点来规划设计新农村的建筑景观。

(1)保护古建筑,增加文化底蕴。古建筑所具有的形态、色彩,整体结构和空间环境以及所形成的整体面貌是农村的特色环境形象,是具有文化和历史的、承载着历史进程的标本,而这也正是某一地方给我们留下深刻印象最直接的来源。如处于邯郸农村的邺城遗址,虽然现在仅存有金凤台,但是我们身处其中的时候,却可以体会到当年曹操一统三国的气势和雄心。当前我们可以通过加固、修缮,使古建筑焕发新的生机,给后人留下历史的见证。

（2）挖掘老建筑自身的空间特色,与新建筑结合以满足新的功能要求。历史建筑的扩建和改造是个复杂的问题,根据实际项目的不同而有着千差万别的特殊性,但总的来看包含着两个主要方面的问题：一是"创新"的问题。即在保护原有建筑面貌的同时,采用创新的方法,设计出与原有建筑风格迥然不同的扩建部分,通过对比产生和谐。而对于那些历史和艺术价值较高的建筑来说,在扩建过程中,往往更多地考虑如何最好地维护原建筑的风格和面貌,也就是人们常说的"整旧如旧"。二是"和谐"的问题。即历史建筑,与其扩建部分都要用一个整体的周边环境来衡量。新的建筑需要有自己的个性,但从另一方面又需要与周边的环境对话,融入整体的环境之中,不能在新旧建筑的关系上产生明显的裂痕。这种连续性或者有机性对于城市环境及保护建筑来说是至关重要的,缺少了这种有机性和整体性,剩下的将只是几个无关建筑的集合。

（3）新旧建筑和谐共存。新建筑色彩设计宜以传统建筑的典型色彩特征为主,建筑是多姿多彩的,建筑物用什么颜色,有着明显的地方特色,是影响建筑的气势与风格的重要因素。如:徽派建筑有其鲜明的地方特色,当前在深圳第五园的建设中,设计建设了被称为"新徽派建筑"的新建筑形式。既继承了徽派建筑的风格和典型特色,又运用了当前新的建筑技术和景观设计原理,收到得了很好的景观效果。

（4）建筑造型应在统一中塑造特色。建筑造型的个性化有多种途径,可借助新技术、新材料的优势在质感和构造上进行拓展,在体量上别具一格,还可以在建筑细部,如门、窗、檐口、阳台等上面推陈出新,既可在细部上实现个性化,也可在结构上显示魅力。

(5)注重场所气氛的营造,体现人文环境。传统建筑由于其特有的文化价值和场所精神,给现代文明带来特殊的人文感受和历史回忆。文脉应从其人文价值入手,利用其特有的环境和氛围,使其在新的环境下焕发新的光彩。规划设计人员对现状房屋、城墙、设施等相关历史遗存通过村庄规划保护有价值的历史遗迹,为村庄的可持续发展保留了珍贵的特色资源。设计人员也可结合当地住宅特色采用毛石、片石、灰砖、青瓦等材料设计出富有地方特色的民居,很好的营造场所气氛,提升人文环境品质。

五、新农村文化景观体系研究

文化景观反映出文化的进程和人对自然的态度,是文化的起源、传播和发展以及存在价值的证据,同时它也是一面镜子,折射出一个国家、地区和民族的发展历程。

因此,景观中的历史文化价值逐渐受到人们的重视,特别是在旅游开发之中,我国充满情趣的乡土文化艺术、各具特色的烹食风味、风格迥异的乡村民居建筑等,均可成为发展休闲农业的良好题材,构成我国发展休闲农业的巨大潜在优势。

可以根据不同的标准将文化景观划分为不同的类型,根据可视性可以分为物质文化景观和非物质文化景观。物质文化景观,是实体存在的,可以被人们肉眼看见的景观指衣食住行、语言、文字等;非物质文化景观主要指无形的、软质的景观包括意识形态,生活方式、风俗习惯、宗教信仰、审美观、道德观念、环境观念等。妇女到河里洗衣等,这种由生活方式所表现出来的文化景观,构成农村生动的生活场景。

在新农村景观规划设计中,要想体现出地方特色必须要延续当地的文化,把当地的特色文化进行深层次的挖掘,提炼其中的要素和文脉,将其转化为现代新农村景观规划设计的源泉,创新不是一味的拿来与当地文化不相容的全新文化,而是要在继承传统的基础上有所创新,才能让新农村景观具有吸引力。

第二节　新农村景观规划的原则与实例

一、新农村景观规划的目标

新农村的景观规划以景观生态学为理论指导,解决的是怎样对乡村土地、空间、土地上的物质进行合理规划,其根本目标是为人们创造一个符合可持续发展观的、美化的乡村生态系统,要想实现该目标,必须把自然与社会两方面紧密结合起来,创造一个人与自然、人与人、景与景和谐统一的最优环境,以适合人们进行生活、生产、娱乐活动。

二、新农村景观规划的原则

进行新农村的景观规划与设计,要遵循一定的原则,具体有以下四个原则。

1. 整体综合性

景观是由许多的生态系统组成的,是一个具有结构与功能的综合体,与自然环境、生态系统有着重要联系,在进行新农村景观的规划时,应将景观看作一个不可分割的整体来考虑,以发挥其整体的最大功效。

2. 生态美学

所谓生态美,是多种美的融合,包括自然美、艺术美、生态关系和谐美等,与那种只注重人为形成的对称、线条美截然不同,在进行景观的规划与设计时,都以它作为最高美学准则。

3. 自然景观优先

自然景观优先是指进行景观设计时,要以保护生态环境为前提,人类的介入必须是处在规定的环境容量内,不能对生态系统的基本通道进行破坏,要实现与人自然的和谐统一。

4. 景观多样性

多样性是反映生态系统变异性与复杂性的一个量度,包括物种的多样性、景观的多样性,当多样性的程度较高时,则说明生态系统的稳定性较大,同时也体现了个体特征的丰富性。

三、新农村生态景观规划的具体做法

（一）环境敏感区的规划

环境敏感区一般是指具有最显著区域景观特征的地区,也是较脆弱的、一旦被破坏便难以弥补的地区。在进行新农村景观的规划与设计时,应对该区域的保护程度与范围进行分析、调查与评估,以确定环境敏感区的具体位置与范围,并实行重点保护,避免环境敏感区遭到不合理的开发与使用。

（二）注意在规划时保持完整的景观结构

完整的景观结构是使景观功能得到有效发挥的重要保障,可是乡村的景观结构时常会因为遭到人为的影响变得极不稳定,所以,必须在进行景观结构的规划时对景观结构的薄弱环节进行补充,以完善其结构,进而保证其稳定性。以下是较常见的两种完善景观结构的方法。

1. 注重对新农村廊道的规划

农村廊道中,一般有河流、峡谷、道路等,廊道是一个生态系统的通道,包括物流、信息流及能流通道,在生态系统中占据着重要的地位。

（1）自然廊道的规划。在进行农村景观的规划设计时,应充分认识到保护自然廊道的重要性,并对其进行合理利用。

自然廊道通常是指河流与山脉这两种廊道,它的存在能够有

效吸收、释放、缓解污染,能够形成一条保护环,避免农村遭到城市的污染。水是人类重要的资源,是人类赖以生存的重要条件,在进行新农村生态景观的规划时,应保护好河流廊道,同时也应对河流进行充分利用。对河流的开发利用,主要是为了营造堤岸防护林带,使之和两岸的乡镇、庭院及村庄绿化有机结合,最终形成相互交错、别具一番风味的山水田园风光。

(2)人工廊道规划。人工廊道是新农村景观规划设计中的一大要点与亮点,常见的人工廊道主要有人工修建的公路、铁路等,对于物资的运输、气流的交换、人员的流动具有举足轻重的作用。在农村中,人工廊道主要指的是村道。然而,当前的农村道路普遍存在布局不科学、无绿化、连通性较差等弊端,未能形成较好的道路交通网络。因此,在进行新农村景观的规划设计时,应坚持绿化、硬化与方便化的设计原则,将道路设计成为连通性较好的道路交通网络,并加强对道路两旁的绿化规划,如在配置树种时,可采用高、中、矮相结合的配置方法,营造多层绿带景观,既能作为景观,又能作为防护带。

2.注重斑块的规划设计

斑块在城市景观要素中占有举足轻重的地位。一般而言,斑块主要指的是和周边环境具有外貌或者性质区别的空间单元,在乡村景观中,农田、草地等也是斑块。因此,在进行新农村的景观规划设计时,要正确认识到斑块的重要性,学会运用斑块理论,形成具有地方特色的斑块,如生活居住区斑块、特色农林生产区及农业观光旅游斑块。

当前,许多农村的居住点普遍存在分布杂乱、新老房屋未能分开布置、无公共绿化等弊端,在进行新农村的景观规划设计时,应把斑块建设均匀性理论作为理论指导,规划居民点时,按照"统一集中与均匀分布"的布局进行规划,同时,要规划好居民点间的公共绿地,这样既能均匀分布绿地,又能增强居民点之间的联系。此外,还要充分、合理利用农村拥有的农林资源,既要有效进行产业发展,又要结合资源开发出新的观光旅游点,促进特色农林生产区及农业观光旅游斑块的建设。

（三）加强对生态工程的规划

以往的景观创造主要以人工对环境的改造为主,该方法尽管可以在短时间内达成目标,并获得一定的新景观,但需要长期地耗费人力与能源去维持。在新农村景观的规划中,应把生态工程作为一项重要内容,因为通过生态工程,能够利用环境的能动性来帮助景观自我增值,可以节省大量的人力、物力、资源。生态多样性可以营造一种综合性较强的生态环境,该种环境的结构层次较丰富,且其自身的生长、成熟、演化能力较强,能有效抵制外界对它的影响,即使不幸被破坏,也可以自行更新、复生。所以,应加强对生态工程的规划与设计,这样既能节省大量的人工管理费用,又能实现对景观资源的永续利用,实现双赢的目的。

四、新农村景观规划实例分析

（一）衢州市新农村

1. 衢州市新农村景观保护与规划的现状:

（1）开展了房屋与村容村貌的美化工程。衢州市保留乡村中的现有建筑,包括历史建筑和农舍民居,对历史建筑从结构上加固,并对该区域内的建筑物采用江南民居的风格进行统一的立体装饰改造：粉墙、黛瓦、木窗、装饰性的墙面分格线条及坡屋面改造等,保持当地民居和谐统一的传统风格不变,并采用本地出产的石材、竹子等建筑材料,资金投入低,又有地方特色。结合村容整顿,进行改厨、改厕、改圈和院坝的改造,并按实用美观的原则在房前屋后进行植物种植,使农舍整洁美观,实现村容村貌的绿化、美化。（图5-1、图5-2）

图 5-1 衢州市新农村景观鸟瞰图

图 5-2 衢州市新农村景观鸟瞰图

（2）进行了乡村景观的基础设施建设。近年来,衢州市在新农村建设中加大了对乡村基础设施的建设投资力度,据不完全统计,仅 2012 年,新建和改扩建乡村公路 6000 多公里,基本实现了村村通水泥路的目标,疏通灌溉渠道 5000km 以上。

2. 衢州市新农村景观发展问题

（1）田园风光严重破坏。自然资源是指在特定的地域内,受到自然界的地形地貌、水文、植被、气候等各种因素的影响而形成的地表景象。它是自然界内部各因素长期以来相互作用的结果,是相对稳定的自然景观格局。

由于衢州市农民对自己周围的事物与景致皆司空见惯,对自身拥有的自然资源缺乏正确的保护意识,农村的生态环境随着新农村的开发建设正面临着空前的危机。人类对生态环境的破坏程度已经不容忽视。由于经济的发展,人们为了追求更大的经济利益,过度使用农药、化肥,开采地下水,产业化带来的"三废"等,使自然界的空气、水、土壤受到前所未有的严重污染,直接影响到乡村的田园风光受到严重破坏。

(2)乡村特色逐渐缺失。随着衢州市乡村居民温饱问题得到解决,村民对其生活品质的追求也在逐步提高,但是随着农村城市化进程的加剧,农民对自身的特色乡村景观缺乏正确的认识,更谈不上保护和继承,他们将城市的一切都看作是现代文明的标志,价值取向逐步向城市化发展,意欲用城市的一切:现代建筑、雕塑小品、大广场、大草坪等来取代乡村固有的特色景观。部分乡村干部为了个人政绩,大刀阔斧,拆除历史建筑,利用现代建筑的新型材料、建筑手法,大肆兴建欧式建筑、宫殿式建筑和现代城市雕塑,罗马柱、琉璃瓦、不锈钢雕等充斥其间,形虽似而神不似,使乡村景观变得不洋不土,逐渐丧失了自身独特的风貌。

3. 衢州市新农村景观保护与规划存在问题的原因

(1)缺乏理论和行为的指导。近年来,随着新农村建设的热潮一浪高过一浪,乡村景观规划理所当然地被提上议事日程,并日益受到人们的重视。相关专家学者们也调整了自己的研究方向,乡村生态、农业观光,形成旅游等方面的研究成果开始不断涌现,但是这些成果毕竟只是理论层面的研究,对于系统地进行乡村景观规划还缺乏可操作的指导意义。

(2)缺乏因地制宜的规划。当前的乡村规划相对滞后,虽然自建设社会主义新农村以来衢州市大约有71.2%村镇已经编制了总体规划,但是大多数只是应付政策的需要,毫无操作性可言,由于管理缺乏力度,没有必要的处罚措施,衢州市在新农村建设过程中乱搭乱建、村民自行拆旧建新、垃圾随意倾倒、工业"废水"、"废气"、"废物"不及时加以处理,便直接排放到河流和空气中,种种极不和谐的画面屡禁不止。同时,一部分地方政府不考虑当地居民的生活习惯和经济承受能力,没有征求当地居民的意见,按照城市社区的建设模式,推行城市的建筑方案,结果部分村民自行拆除重建,使建筑景观一片混乱。由于缺乏科学合理的规划做指导,缺乏行之有效的管理方法,衢州市乡村中肆意侵占农田的现象亦极为普遍,有的甚至在农田中建房,使农业生产景观遭到破坏,生态系统严重受损。新农村居住空间建设布局不合理,缺乏统一规划,布局分散、无序,村镇配套基础设施不健全,造成土地和资金的浪费,也造成乡村建筑布局与景观混乱的现象。

4. 促进衢州市新农村景观保护与规划的对策

(1)加快乡村景观建设的理论研究。乡村景观规划的兴起与发展,产生了一门新的学科,乡村景观的研究是一个跨学科的课题,它的多样性和复杂性被国内各个领域的专家学者争相研究和探讨,也提出了很多的理论和研究方法,在相当长的一段时期内,这仍然会是一个不朽的课题。有了理论的支持,才能更好的推动乡村景观的健康有序发展。

(2)确立科学合理的乡村景观规划。有了理论的支持,接下来便是付诸实践。实践的前提是有一份科学合理的景观规划。在规划的制订过程中,应本着生态先行的原则,尊重自然地理条件,尊重文化历史传统,根据经济、社会、生态等各方面的要求进行科学地编制。规划设计要延续原有的乡村景观特色,保护生态平衡,充分挖掘乡村固有的自然与人文资源,定位准确,轻重有序,可操作性强,有实际的指导意义。规划一经制订,不论何人都不得随意更改,应按照规划循序渐进地付诸实施。

通过有效地开发和利用土地,保护农田和乡村特色,将总体规划中的景观专项规划和分区建设理念运用到实处。在规划和建设的过程中,应大力宣传景观建设的重要性,动员社会多方力量参与规划的制订,集思广益,出谋划策,激励当地居民积极参与、尊重民意,充分了解当地居民的需求,只要是合理的意见和建议,都应该虚心听取,并用于规划实践,这样才可以充分调动他们的积极性,发挥他们的主观能动性,激发他们建设美好家园的热情。

5. 总结

衢州市新农村因地制宜的制定科学的景观规划,执行者合理地根据规划逐步付诸实施,当地居民积极出谋划策,提高参与意识,多方筹措资金,加大建设投入力度,通过发展休闲观光农业、旅游业等多产业,缓解资金压力,力求在尊重现状条件,保护和恢复乡村的自然和生态价值,延续当地的历史文化思想等前提下,创造出具有地域特色的优美的乡村景观,实现了乡村景观的可持续发展。

（二）崇州市三郎镇

1. 三郎概况

（1）区位。崇州市西北部,九龙沟风景区的门户,龙门山综合旅游功能区及川西旅游环线上重要节点。

三郎镇位于崇州市西北干五里河上游,距成都市区55km,距崇州市区28km,位于成都市2.5圈层;三郎镇东面与街子镇接壤,南和西南面分别与怀远镇、文井江镇相连,西面与鸡冠山乡毗邻,北与都江堰市大观镇交界;重庆路、老川西旅游环线和九龙沟旅游专线穿过镇域。

（2）历史溯源

名称由来：

①因纪念三郎辅助父亲李冰治水的功绩,在此修建了三郎殿,三郎镇因此而得名。

②源于杨贵妃当时被葬于翠围山,为表达杨贵妃对唐玄宗（三郎）的思念之情,便将翠围山下的小镇更名为三郎镇。

元明清时期：

元朝称大栅镇,明属清泉乡、大乐乡,清末属怀远镇。

20世纪以来：

1941年改三郎镇为三郎乡,1953年分为三郎、和平两乡。1956年两乡合并为和平乡。1991年撤乡建镇为三郎镇。

第五章 新农村景观体系与案例分析

目前：

近年来,生活水平提高,掀起乡村旅游热潮,三郎镇旅游产业得到快速发展。

发展历程：

昨日三郎——主要为九龙沟游客临时聚集地(图5-3)。

今日三郎——以农业种植和旅游业联合带动发展的旅游型城镇(图5-4)。

图5-3 三郎镇旧貌

图5-4 三郎镇现状

（3）自然资源。三郎镇属于川西平原向龙门山脉过渡区域,境内兼有山地、平原的地貌类型,具备"山、水、田、林"四大乡村要素,生态环境较好。境内有九龙沟省级风景名胜区,景区生态环境良好,沟内奇峰怪石,凝幽滴翠,风光自然,极富原始奇趣。

（4）文化资源。三郎镇境内历史上多寺院道观,其中比较著名的有九龙寺、大明寺、天官庙等,其中大明寺曾名万岁寺、化成院,隋炀帝杨广亲为其赐名"化成",陆游亦亲为其作诗,由此声名远扬。

2. 主要问题剖析

（1）经济发展水平滞后，产业特色未形成。三郎镇是崇州市发展水平较低的城镇。从三郎镇的产业发展情况来看，未形成产业特色。特色经济农产品的培育不足，龙头企业不突出，农产品加工企业规模小、数量少，农业产业链短；工业企业众多，但规模普遍较小，无支柱产业；现有资源未能充分利用，第三产业发展比较滞后。

（2）产业发展缺乏规划引导，大多产业项目无法落地。三郎镇在大力推进旅游发展过程中，引进了一些产业项目，但这些项目缺乏规划的引导，大多无法落地，影响三郎镇的经济和旅游产业的发展。

（3）现状建设无序，基础设施配套滞后。城镇现状建设混杂，夹道建设严重，相互间影响较大。公共服务设施以及市政基础设施建设滞后，不能满足城镇发展和居民需求。镇区范围内众多的基础设施缺乏梳理，不利于城镇的下一步发展。

（4）过境交通穿越镇区，造成镇区交通压力大。九龙沟旅游专线东西向穿越镇区，造成镇区交通压力过大，对镇区交通、生活造成较大干扰，需要对过境交通进行重新规划。

（5）城镇规模。人口规模：至2020年，镇区规划人口3.0万人（其中2.0万人为外来常住人口）。

用地规模：至2020年，三郎镇区建设用地面积为3.55km^2，人均建设用地面积118.35m^2。

3. 设计分析

（1）功能定位。三郎镇镇区的功能定位为：辐射"北部崇州"的集休闲度假、康疗养生、主题娱乐、居住等功能为一体的旅游风情小镇。

（2）规划结构。规划镇区形成"一心三轴六组团"的空间布局体系。

一心——镇区规划的主要公共设施区,形成三郎镇的行政、商业中心。

三轴——沿九龙沟旅游专线形成的镇区东西向发展轴;沿垂直于九龙沟旅游专线的18米道路重庆路形成的镇区南北向发展轴;沿干五里河北部沿岸规划22米道路形成镇区旅游发展轴。

六组团——包括东部镇区入口组团、北部居住组团、西部产业组团,南部滨水组团、南部居住组团以及凤鸣陆海组团。

(3)生态策略——护林。

①保护型林盘。引导其以生态保护为主,尽量减少人工处理,担负生态职能。

②特色产业型林盘。充分利用其有利的地理区位等优势条件,整治环境,完善设施,发挥特色种植、养殖业或旅游接待功能。

③生态涵养森林。主要以生态保育为主,限制开发,禁止乱砍乱伐。

④九龙沟风景旅游区。以生态保育与开发并重,在开发的同时要注重生态的保护与恢复。

⑤完善旅游服务综合体功能。对三郎镇旅游服务综合体的功能进行完善和升级(图5-5),包括完善现代旅游服务配套设施(餐饮、住宿、会务等方面),提升自身旅游产品品质和竞争力(中药养生、现代农业、休闲旅游、生态文化游等方面)。

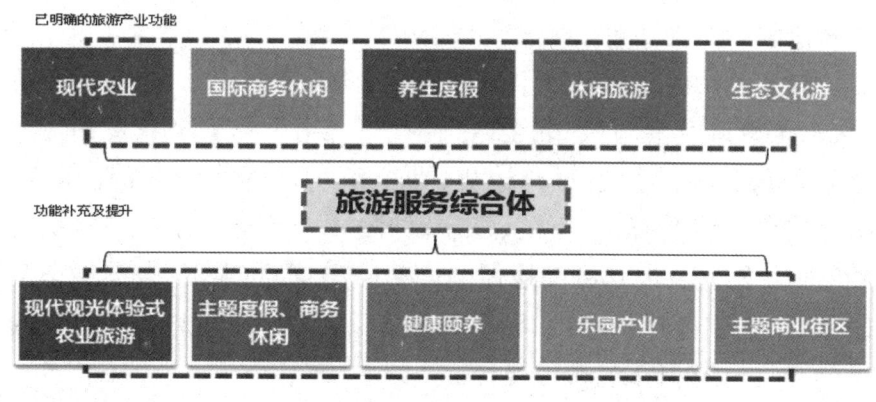

图5-5 三郎镇旅游服务综合体功能图

⑥旅游产业项目布点。旅游产业项目以九龙沟旅游专线以

及镇域主要道路为发展轴线,基于当地旅游资源,结合现状已建及待建乡村旅游产业进行布点,实现乡村观光旅游在内的多项旅游服务产业,以新颖的景观规划设计理念改善农村环境,以优美环境带动旅游,以完善的旅游产业功能带动经济发展,一、三产联动发展。结合现状已建及待建乡村旅游产业,发展布局分散、人流量小的旅游产业,包括农家乐、乡村酒店等。

4. 总结

崇州市三郎镇规划以"一心三轴六组团"的空间布局体系,依附其深厚的文化底蕴,对三郎镇旅游服务综合体的功能进行完善和升级,通过中药养生、现代农业、休闲旅游、生态文化游等方面吸引游人参与。

(三) 南京美丽乡村江宁示范区规划

1. 项目背景

近年来,城市问题日趋严重,普遍面临空气污染、交通拥堵、食品安全、用地紧张等问题,乡村地区则面临经济落后,土地低效率利用,农村空心化、缺少劳动力,公共配套难等问题。

江宁地区位于南京郊区,面临城市和乡村的双重问题,但同时江宁地区又拥有南京宝贵的农田土地资源、优良的山水景观资源和便利的交通条件。

规划范围:规划区位于南京市江宁区(图 5-6)。西临滨江新城,东至禄口空港新城,北至东山新市区,南至与安徽省交界。东至宁丹路和横溪街道行政边界,西至宁马高速,北到绕越高速,南至省界。涉及谷里、横溪、江宁、秣陵4个街道。总规划面积约430平方公里。规划区交通便捷(图 5-7),资源丰富,自然生态基底良好,主要包括牛首山、云台山生态廊道地区,同时具有悠久的民俗文化传统和特色村建设经验。

第五章　新农村景观体系与案例分析

图5-6　南京美丽乡村江宁示范区规划图

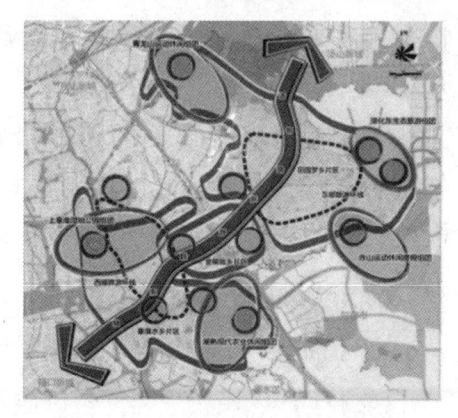

图5-7　南京美丽乡村江宁示范区交通分析图

2. 发展条件分析

（1）资源丰富：包含了山、水、林、田、村等多种类型，不仅有山川俊秀的自然资源，农耕特色的田园风光，还有周边新开发的特色旅游与历史文化资源。例如陆郎有"湖熟文化"的台城遗址，陶吴在春秋时代就有记载，民俗活动有船娘舞、皮老虎等，历史传说有七仙女传说、龙三太子等。

（2）由国资平台下乡改造农村基础设施，示范引领美丽金花村，使得江宁"美丽乡村建设"从一开始就站在一个更高的平台上。政府推动、国企撬动，这一新农村建设改造样式被誉为"江宁模式"。"城市反哺乡村，打破城乡二元，是国企集团义不容辞的战略引领和责任担当。"江宁区交通建设集团董事长表示：江宁西部山水是大自然对江宁的美好馈赠，交建集团要和片区内街镇一道，把西部片区建成美丽乡村产业发展集聚区、"新中式乡野生活方式"的示范窗口，展现新时代"梦里的江南"现实模样。

3. 解决问题

（1）构建大都市的生态屏障：针对大都市近郊生态不断被蚕食的状况，划定各类生态保护区范围，明确保护措施，为大都市生态文明建设打下良好基础。

（2）大都市菜篮子＋后花园＋旅游区：大力发展生态农业和

特色农产品加工,大力发展乡村休闲旅游,大幅度提高农民收入水平。

(3)突出城乡差异的美丽乡村风貌:挖掘与保护历史遗迹,创城与弘扬传统文化,强化乡土材料、乡土工法、乡土形式和乡土植被,避免城市景观入侵,增强美丽乡村对城市居民的吸引力。

4. 规划框架

(1)生态:山体生态、水体生态、农业生态。
(2)生产:现代农业、乡村旅游。
(3)生活:空间聚落优化、交通改善、环境卫生、公共服务设施、基层组织建设、历史文化。
(4)风貌:特色景观、村庄风貌提升。

图 5-8 为南京美丽乡村江宁示范区鸟瞰图。

图 5-8　南京美丽乡村江宁示范区鸟瞰图

5. 规划分析

(1)充分尊重自然地理和原生态风貌,旅游道依山傍水、显山露水,不截弯取直、不填塘降坡。道路使用优质沥青材料,按照高等级公路建设,配建了绿道系统,因此廊道不但是饱览江宁西部山水的风景线,本身也是一条休闲健身的绿道,路旁点缀了一片片色彩斑斓的草花。为了让游客休息,廊道每隔 5-8 公里还建设了一座主题鲜明的驿站,靠近大塘金的"芳草园"驿站可以烧烤;"骑友"驿站建有乡村酒吧、咖啡屋,可以整修山地车;"高湖"驿站南望夕阳群山,是摄影发烧友取景的绝佳处;"晏湖"驿

第五章 新农村景观体系与案例分析

站客房、餐饮、超市、茶社一应俱全,是个旅游"综合体",真的做到了"一站一品",既满足了游人个性化需求,也丰富了乡村旅游产品。

在正方大道和银杏湖之间,围绕着大塘金和黄龙岘"画了一个圈",长20多公里。在正方大道北和黄龙岘南"再画两个圈"建设朱门人家——七仙大福村的南延线以及大塘金——牛首山的北沿线,建设石塘人家——龙山的生态环线东线,两边还将修复大地景观,越是延伸到南部竹林山区,景观越是漂亮,从而形成一条贯通江宁西部旅游的金腰带。

(2)步移景异,全域都是风景美景。生态旅游廊道一期工程串联起了黄龙岘、大塘金、朱门人家三朵"美丽金花村"。沿途的谷里、横溪、秣陵等街道闻风而动,在旅游线两侧展开农村环境整治"千百工程",又装扮出红楼稻香村、西湖王家、新塘等农村旅游示范村。

旅游廊道结合"千百工程"、金花村建设和特色小镇,让江宁西部全域成了美轮美奂的大景区。生态旅游廊道北延、南延后,不但串联起了石塘人家、世凹桃源两个"全国最美村镇(美丽乡村)",成为"国字号"品牌乡村最密集的旅游线,还"整合"了牛首山、银杏湖两个重量级景区。与此同时,石塘人家、黄龙岘、大塘金、苏家开始积极创建特色小镇。

6. 发展中的不足

虽然示范区绿化建设已具备一定的基础,但与标准仍有相当大的距离,实际工作中也面临着诸多挑战和困难。

(1)绿色植被缺乏保护。一是由于历史条件限制,部分乡村之间距离较大,跨乡镇难以连线成片,不能形成有效的生态景观绿色廊道。二是部分地区现有植被以天然次生林和人工植被为主,森林健康度较低,原始植被受到了一定破坏,林相已不整齐。三是由于自然条件限制,部分重要山林之间距离较大,未能形成较为完善的森林生态廊道,难以满足本地区树种迁徙需要。四是存在一定数量的林间隙地。规划区内有较多的采石场,存在裸露或半裸的边坡、废弃地等。一些森林山地周边的绿化也没有完善,存在相当数量的林间穴地,森林植被景观参差不齐。

(2)生态景观效果特色不突出。一是森林季相变化不明显。部分林地为人工次生林,森林植被景观比较单一,季相景观变化不明显,树种较少,结构简单;二是村庄绿化缺乏"个性魅力"。有些村庄绿化没有真正体现生态理念和文化内涵,没有按城乡一体化的长远目标考虑布局优化,自身特色不突出。三是道路、林网绿化缺乏地域性,趋同性明显,未能展现独有的地域树种特色。

(3)林业综合效益有待提高。森林资源价值的多元化开发不够,林产品的规模化、规范化、品牌化程度较低,市场竞争力不强,对农村发展、农民致富的带动不够明显。林产业效益的低下,造成了绿化所用土地的流转成本加大,财政压力增加,导致新增资源的稳定性较差、保存性较难。搭建政府主导、社会参与的美丽乡村建设多元化投入机制面临诸多的困难。

7. 总结

美丽乡村示范区建设是一个系统工程,前景是美好的,挑战是巨大的。示范区绿化造林建设要服从于美丽乡村建设大局,聚力统筹,以村(社区)为基本单元,按照点——线——面结合,显山露水,乡土风韵,串点成线,以线带面,着力突出"时间"、"空间"、"特色"、"发展"八个字。

(1)侧重"时间"概念,打造"无时不美景"。打造"无时不美景",就是要实施林相改造,"春满绿树鲜花,夏似热带森林,秋有漫山红叶,冬留御寒雾凇",达到"一山一花"的森林景观效果。对示范区内需要改造的地块进行实地调查,制定科学的采伐方案,进行合理的改造规划。对部分地区低效、残次的林木,选取常绿树种进行优化配置,以景观乡土阔叶树种为主,引进优良外来树种加入,体现一年四季变化的彩林景观,将林地从单一的绿色向多彩的景观转变,逐步实现森林多色彩、多树种、多层次、多功能,四季颜色丰富,群落结构完整,达到春花秋叶、花果相间、四季葱翠、绿化美化的效果。

(2)突出"空间"概念,打造"无处不风光"。打造"无处不风光",就是要完善生态景观网络体系,实现示范区优美景观的全覆盖。在道路林网上,根据道路所处的区位和等级施以不同的绿化,形成"一路一景"。对高等级道路和干线道路两侧各30～100米范围内,按照"适地适树、合理配置、注重变化、突出特点、体现特色"原则,构建完整的生态景观廊道;在镇、村道路两侧以乡土树种为主,乔灌草结合,建设道路防护林。在水网绿化上,通过植被体系建设,使沿河植被和水中生物得到恢复,做到水清、岸绿,实现河道水系生态化,打造"一河一带"。在农田林网上,进一步提升新建及完善主、副林带形成的网格,全面形成防护与景观兼具的林带。对于疏林地、林分中的林中空地,应通过补植、套种或更新,逐步提高生态林的林分质量,形成完整的森林景观效果。

(3)强调"特色"理念,打造"一步一胜景"。特色就是魅力,是示范区的"个性美"。示范区村庄绿化建设必须紧紧围绕"一村一品、一村一景、一村一业、一村一韵"的要求,把生态园林理念融入到村庄绿化建设中,合理定位村庄主题,既融入整体大环境,又体现特色小"气候",生产和生活区合理分布,形成布局均衡、富有层次的绿地系统,提升"一步一胜景,景景各不同"的个性吸引力。建设过程中,绿化要与村庄的地形地貌、山川河流、人文景观相协调,采用多样化的绿地布局和绿化形式,自觉保护、发掘、继承和发展各村庄的特色,充分展示独特乡村风光;大力开展农户和单位的庭院绿化,有条件的实现美化和香化。同时,示范区要充分利用"一山带两翼,八河布湖库"的区位优势和自然资源优势,深入挖掘人文内涵,以山、水资源为主,沿牛首——云台廊道,建设特色鲜明的森林生态公园,葆山理水,突出城乡差异的美丽乡村风貌。

（四）杜刘固村新农村景观规划设计

1. 杜刘固村庄概述

杜刘固村是邯郸市生态文明示范村,在各级领导的关怀和村党员、干部、群众的积极努力下,该村在村庄的建设方面已做出了很多卓有成效的工作,为了应《中共河北省委、河北省人民政府印发省精神文明建设委员会＜关于在全省农村广泛开展创建文明生态村活动的意见＞的通知》(冀发[2004]10号)精神,将村庄的建设纳入科学化、法制化的轨道,提高建设的水平和科技含量,在新时期的村庄建设中起到模范带头作用。

杜刘固村位于永年县城以南,界河店乡东部,紧邻邯郸县界,相对独立,永年县县域内的京广铁路和107、309国道,加上村庄西部与永年县的东二环相连,使其交通较为便利(图5-9),四周有绿树、农田环绕,全村村容整洁,建设得到有效的控制,住宅大都为独院式楼房,建筑质量较高,村内道路棋盘式布局,十分规整,村内设有用于村民活动的小广场,易于组织各种有益的文化娱乐活动,对建筑生态型的文明村庄十分有利。

杜刘固村所属永年县属暖温带半湿润大陆性季风气候。全年总的气候特征是：四季分明,气候温和,光照充足,雨热同季,年盛行风向为南风。春季增温快,风大,雨少,蒸发多,十年九旱；夏季盛行偏南风,天气炎热,雨量大而集中；秋季天高气爽,风和日丽；冬季盛行偏北风,雨雪稀少,天气晴朗而寒冷。年平均气温13℃,最热月为7月,最冷月为1月,极端最高气温42.1℃,极端最低气温-21.6℃。永年县年平均降水量为503.6mm。7至8月为主汛期,雨量为285.1mm,占年降水量的58%。

近年来,村内公共建设投入较大,主要用于建设道路和绿化、美化,其资金来源主要是企业赞助。根据上一级规划和杜刘固村的实际情况,总体规划将其性质确定为以现代工业和农业为主城郊型的中心村。

第五章 新农村景观体系与案例分析

图5-9 杜刘固村交通区位图

2. 村庄现状存在问题

杜刘固村是一个乡镇企业发达的村庄,当地农民企业家为建设家乡投入了大量资金,使村庄建设呈现出崭新的面貌,促进了社会主义新农村建设,对杜刘固村规划和建设的研究,具有典型意义。通过调查研究,可以在对实际案例深入剖析的基础上,针对新农村景观环境规划设计总结经验,并以点带面,对周边地区的村庄建设起到带动作用。但是在村庄的建设中也存在许多的问题。

(1)村庄内部分道路较窄,街道景观单一且有的街道只具备交通功能,甚至无景观可言。机动车辆行驶困难,缺乏停车场地,随着机动车辆的增加,矛盾将会愈加突出(图5-10)。

图 5-10 杜刘固村原貌

（2）村庄内公共绿化较少,不成体系。广场铺装过大,以往的设计中缺少对其功能性、生态性、人性化和美化性的充分考虑。

3. 杜刘固村景观体系规划

（1）杜刘固景观体系框架。村域土地利用规划中,将杜刘固土地利用分区划分为禁止建设区（境内基本农田为禁止建设区）、非农建设区（村庄环路以内、现有企业及规划用地为非农建设区）和控制发展区（村东北部大坑用于存贮雨水,村西北部大坑用于填埋垃圾,此两处用地划为控制发展区）。

根据以上村域土地利用规划中对杜刘固土地利用的分区规划,在对杜刘固的村庄景观规划设计中,将村庄、农田、道路、河流、池塘、山地、林地有机组合,整个村域规划形成"点、线、面、环、廊、园、林"的景观框架网络体系。使杜刘固村域范围内的公园绿地、附属绿地、防护绿地、农林生产绿地、自然绿地和建设区外绿地亚系统与永年县域、邯郸市域的绿色廊道以及林网、水网形成一个连通景观系统。规划环村绿环,对非农建设用地进行控制,并且起到隔离禁止建设区的作用,在控制发展区周边规划绿带,以控制其发展。因杜刘固村是以现代工业和农业为主城郊型的中心村,在其工业区和生活区之间规划隔离林带,对居民生活区和工业区起到隔离作用。

（2）杜刘固村景观规划重点。根据村庄的现状基本情况和当前村庄存在的主要问题,规划重点集中在以下几个方面。

1)在村庄外结合环村道路种植环状绿带控制建设用地的扩展,另外加强宅基地的合理使用以节约土地。

2)针对村庄内部公共绿地少的问题,在完善村庄的功能,增设必要的公共建筑基础上,设置村民们户外休息、娱乐、健身(图5-11)、交往的游憩空间,增设大大小小五个广场,满足居民的休闲娱乐需要(图5-12)。

图 5-11　杜刘固村健身场所

图 5-12　杜刘固村休闲广场

3)完善村内的公用工程设施,提高生活质量,教育设施方面,村边有城南实验中学和永年县第二中学新校区,村内建设永年县第二幼儿园(图5-13)、永年县第六实验小学(图5-14),为该村周边规模最大,设施最完善的教育机构,医疗卫生方面除了落实新农合,还建设卫生所(图5-15)。

图5-13 杜刘固村的永年县第二幼儿园

图5-14 杜刘固村的永年县第六实验小学

图5-15 杜刘固村卫生所

4）针对道路狭窄问题,完善村庄道路系统的建设和绿化,使之便捷、顺畅,成为联系外环境的绿色生态廊道(图5-16)。

图 5-16　杜刘固村便捷的道路绿化

5）从生态角度入手,改善卫生条件,提高整个村庄的环境景观品质。

（3）杜刘固村庄绿地系统规划。规划将杜刘固村域绿地分为建设区绿地亚系统和建设区外绿地亚系统。建设区绿地又分类为:公园绿地、附属绿地、防护绿地、农林生产绿地、自然绿地五类。村庄绿地系统规划本着布局合理,功能完善的原则:以人为本的原则,强化绿地的休闲、活动、游憩功能,增设亲和性强的园林设施。结合地域特色,挖掘文化内涵,创造具有特色的景观风貌,最终形成由绿色空间,绿色廊道和环村绿带组成相互贯通的绿地系统网络。在绿化中,要做到适地适树,针对当地比较干旱的气候特点,多选择耐旱的树种,做到乔、灌、草相结合,高、中、低相结合,点、线、面相结合,落叶树种与常绿树种相结合,图 5-17 为杜刘固村鸟瞰图。

图 5-17　杜刘固村鸟瞰图

庭院绿化——与庭院种植经济相结合。充分考虑民居庭院的经济效益前提下,增强庭院景观的生态效益和可观赏性。

道路两侧绿化——形成绿色廊道。

广场绿化——形成休闲空间。

村庄周边绿化——形成防护林带。

(4)住宅建设。由于此村为新村,村庄当前的住宅多为二层楼房,每家都有院落,面积大约在313m^2,与当地土地部门规定的200m^{2}的标准要高很多,所以在住宅的选型和设计中要注意土地集约化设计,在使用新型建筑材料改善农村居民居住条件的基础上,继承了当地民居的传统特色。

(5)公建布局。学校用地不够,计划在原地扩建、改造、完善。村委会在309国道路边,离村庄较远,不便于管理。基于对核心理论的研究,计划迁建在村中心部分。结合绿化和广场、村民健身场所等建筑设置,公建相对集中,形成村庄的公共中心,服务半径合理,村民使用方便。

(6)道路和停车场规划。村内道路现状布局较为合理,多处已进行了硬化,计划在原有道路基础上进一步完善,增设环路,疏导村内机动车辆的交通,增加部分道路宽度,构成一个完整、便捷的道路系统,规划二、三、四级村庄道路,分别为14m、6m、3.5m。村内大型运输车辆长年在外,不在村中停放,小型车辆直接进院停放,规划后的宅间道路能够满足机动车进院的要求。另外,结合村中三处广场设置集中停车场,以满足外来人员或村民临时停车。

(7)总结。杜刘固村是一个以制造业和运输业为主导产业的村庄,18岁以上的村民有80%在永洋公司上班,该村与企业共驻共建,降低了建设成本,增加了农民收入。另外,杜刘固村合理的规划布局为整个村庄提供了优美的居住环境,无论是建筑、道路、广场景观绿化、医疗设施、教育设施等都非常完善,服务半径合理,大大提高了居民的幸福指数。

（五）浙江安吉高家堂村美丽乡村

高家堂村位于浙江省安吉县山川乡南端，全村区域面积 7 平方公里，其中山林面积 9729 亩（648.6 公顷），水田面积 386 亩，是一个竹林资源丰富、自然环境保护良好的浙北山区村（图 5-18）。高家堂村响应"美丽乡村"建设号召，是安吉生态建设的一个缩影，以生态建设为载体，进一步提升了环境品位，先后被评为"省级全面小康建设示范村""省级绿化示范村""省级文明村"，还获得"全国绿色建筑创新二等奖"。

图 5-18　浙江省安吉县高家堂村

1. 高家堂村的生态优势

高家堂村将自然生态与美丽乡村完美结合，围绕"生态立村—生态经济村"这一核心，在保护生态环境的基础上，充分利用环境优势，把生态环境优势转变为经济优势。如今，高家堂村生态经济快速发展，以生态农业、生态旅游为特色的生态经济呈现良好的发展势头。从 1998 年开始，对 3000 余亩的山林实施封山育林，禁止砍伐。并于 2003 年投资 130 万元修建了环境水库——仙龙湖（图 5-19），对生态公益林水源涵养起到了很大的作用，还配套建设了休闲健身公园、观景亭、生态长廊等（图 5-20）。2014 年新建林道 5.2 公里，极大方便了农民生产、生活。

图 5-19　仙龙湖

图 5-20　生态长廊

2. 高家堂村的发展模式

（1）重视环保，杜绝污染。为响应建设美丽乡村，高家堂村高度重视环保理念，从方方面面杜绝污染。高家堂村成立了竹林专业合作社，合作社规定禁止任何化学除草剂上山，全部雇佣人力，恢复以前刀砍锄头挖的原始除草方法，虽然成本提高了十几倍，但从源头上杜绝了水、土壤污染。数年里，浙江省农村第一个应用美国阿科蔓技术的农家生活污水处理系统、湖州市第一个以环境教育和污水处理示范为主题的农民生态公园等多个与生态环保有关的第一，均落户在高家堂村。

（2）引入资本，组建公司经营。2012 年 10 月，高家堂村引

第五章 新农村景观体系与案例分析

入社会资本,共同组建安吉蝶兰风情旅游开发有限公司来经营村庄,村集体占股30%。村域景区由采菊东篱农业观光园、仙龙湖度假区和七星谷山水观光景区三大块组成,村里只负责基建,派驻财务进公司,景区由公司负责开发包装与营销,白天青山绿水,夜晚休闲宁谧(图5-21)。经过几年的运作,公司已经有盈利,2015年景区门票获利150万元左右。

图5-21 夜晚的高家堂村

高家堂景区开建后,制定了一条村规:所有落户项目,必须与休闲旅游业相关。先后投资6000万元的海博度假项目(图5-22)、莱开森水上乐园等项目(图5-23)、投资4000万元的水墨桃林项目(图5-24)、每到春季一片桃花的海洋(图5-25)短短几年间,6大项目、近3亿元旅游资本落户高家堂村。

图5-22 海博度假村建筑

图 5-23 莱开森水上乐园

图 5-24 水墨桃林

图 5-25 水墨桃林的桃花

（3）以旅游发展带动扶贫。积极鼓励农户进行竹林培育、生态养殖、开办农家乐，并将这三块内容有机地结合起来，特别是农家乐乡村旅店，接待来自沪、杭、苏等大中城市的观光旅游者，并让游客自己上山挖笋、捕鸡，使得旅客亲身感受到看生态、住农家、品山珍、干农活的一系列乐趣，亲近自然环境，体验农家生活，又不失休闲、度假的本色,此项活动深受旅客的喜爱,得到一致好评,也由此增加了农民收入。

(4)巧借资源,绿色环保竹产业。全村已形成竹产业生态,生态型、观光型高效竹林基地(图5-26),竹林鸡养殖规模(图5-27),富有浓厚乡村气息的农家生态旅游等,生态经济对财政的贡献率达到50%以上,成为经济增长支柱。高家堂村把发展重点放在做好改造和提升笋竹产业,形成特色鲜明、功能突出的高效生态农业产业布局,让农民真正得到实惠。

图5-26 生态型、观光型高效竹林基地

图5-27 竹林鸡养殖

同时,注重竹产品开发,如将竹材经脱氧、防腐处理后应用到住宅的建筑和装修中,开发竹围廊、竹地板、竹层面、竹灯罩、竹栏栅等产品,取得了一定的效益。并积极为农户提供信息、技术、流通方面的服务。

3. 高家堂村的区位优势

高家堂村位于安吉最南端，区位优势显著，毗邻余杭、临安，距离安吉县20km，距省会杭州50km。

4. 高家堂村的规划布局

高家堂村的水域将场地分为西北侧的村落游道和东南侧的滨水步道两部分。

景观节点：景观节点散点式布局，将富有特色的建筑和景观节点串联于滨河两岸。

建筑：建筑依山傍水（图5-28），色调以朴素淡雅的黑、白、灰为主色调（图5-29），建筑材料以青砖、灰瓦、原木、山石为主，打造古朴清新的民居风格。

图5-28 高家堂村依山傍水的建筑

图5-29 高家堂村朴素淡雅的建筑色调

交通流线：高家堂村人车分流，村落游道、主要道路和滨水步道顺势水域方向而行，水上汀步和次要道路网状布局。

5. 高家堂村美丽乡村效应

（1）生态效应。"青山绿水就是金山银山"，高家堂村的美丽乡村建设之路就是这句话最好的见证。事实证明农村不搞高污染、高耗能的工业，保护好青山绿水也能给农民带来富裕的生活（图5-30），而且是一条和谐自然、循环永续、以人为本的路子。

图 5-30 高家堂村的绿水青山

（2）经济效应。通过组建旅游开发有限公司，全村的旅游资源得到有效的整合与营销，村民集体持股30%，每年能为每位村民带来500多元的收入，同时部分村民受聘于景区，每月都有固定工资，此外，农家乐和农家旅馆也给村民带来了相当可观的收入。

（3）龙头效应。高家堂村美丽乡村建设从08年至今，始终坚持把保护生态环境作为第一要义，把握每一个发展环节和机遇，充分利用自身的优势，把休闲旅游作为发展致富的主要抓手，成为山川乡和安吉县的休闲旅游标兵，并被冠以"浙北最美丽的村庄"（图5-31），近年来逐渐发展为山川乡旅游产业的探索者、领跑者，为安吉众多景区起到了很好的示范和辐射带动作用。

图 5-31 被誉为"浙北最美丽的村庄"的高家堂村

6. 总结

由于高家堂村的生态基底较好,发展以生态环境为核心吸引力的休闲旅游潜力极高,在项目规划设计中以生态为原则,运营上适宜导入社会资本以及村民持股,通过公司经营科学规划与管理旅游资源。原生态、无污染的养殖、种植模式,使自然纯朴的农村生活方式对城市人群易产生较高的吸引力。村民多种收入方式:农家乐+民宿+景区工作+农产品加工。高家堂村一直十分注重生态环境,高家堂村维护了生态环境,而良好的生态环境也使高家堂村发展为"美丽乡村",提高了居民收入,带动了当地乡村旅游的发展。

五、小结

综上所述,我国的乡村景观相比国外起步较晚,尚处于摸索阶段,再加上我国幅员辽阔,人口众多,不同的地域面临的各种现实问题都不相同,实施起来会有各种各样的困难,但总体来说,在国家政策导向的大力支持下所取得的成绩也是值得肯定的。

从乡村景观的各种成功案例来看,现代乡村旅游对农村的经济发展有积极的推动作用,已成为发展农村经济的有效手段。乡村旅游以具有乡村性的自然和人文客体为旅游吸引物,依托农村

第五章 新农村景观体系与案例分析

区域的优美景观、自然环境、建筑和文化等资源,应在传统农村休闲游和农业体验游的基础上,开拓运动和健康旅游、科普教育旅游、传统文化旅游以及一些区域的民俗体验旅游活动。但在乡村旅游开发中要注意资源开发与环境保护协调的问题,防止旅游开发造成环境污染和资源破坏,加强与生态资源的有机结合,坚持在旅游资源开发中"保护第一,开发第二"的原则,走可持续发展的道路。发展乡村旅游要以增加农民收入为核心,以保护乡村的自然生态环境为重点,维护乡村性和地方特色,走特色化、规范化、规模化和品牌化一体化的道路,实现乡村旅游产业化的基本目标,最终实现乡村旅游业可持续发展。

从乡村景观规划来看,面对农村生活水平和环境意识需求不断提高的现实,对新农村乡村景观规划的研究仍呈现相对落后的状态,我国仅仅停留在传统规划学的用地平衡层面,仍然需要不断的探索发展。比较国内外新农村景观规划的理念和实践,笔者深深认识到国外学者们对新农村生态、对社会和文化意识等在景观规划中的重要性。未来乡村景观规划研究必须综合多学科的交叉,科学制定合理的景观规划设计模式,坚持以生态、人本、多样、本土特色为基本原则,建立保护与发展之间的可持续体系。

乡村景观规划是与自然景观高度结合的,因此在做规划时不仅要重视自然景观的保护,更要以长远的目标即可持续发展的目标来做规划,尤其要注意贫困地区乡村景观资源的开发和保护,不要一味注重发展而损害了资源的持续利用。保护乡村可持续发展,揭示乡村景观规划和农村发展的内在联系和重要意义。

比较国内外乡村景观的规划,综合我国的乡村景观规划的实践,我们不难分析出我国在这方面的研究还存在很多问题,最主要的表现在以下几个方面。

(一)规划水平较低

研究表明全国完成制定乡村总体规划的村庄达到了超过百

分之六十的高度,但是相比国外乡村景观规划来看规划水平较低。新农村的总体布局模式上形式单一,甚至模仿城市居住区的布局模式等使得新农村缺乏乡村应有的生活氛围和特征。

(二)缺乏合理的规范

国外对乡村景观的规划研究已经形成了自上而下的意识形态,多国已经制定了相关的规范,乡村居民的规划和保护意识达到了一定的高度。我国乡村居民观念上的不规范导致对乡村景观规划发展混乱和低层次,虽然很多地方都打着绿色生态村等各色生态旗帜,形成了一定的意识,但是自行拆旧建新,毫无设计可言的混凝土平顶依旧随意而行,简简单单的把景观规划理解为绿化种植,缺乏合理的布局。

(三)生态环境遭到破坏

乡村生态环境面对居民对环境资源的无节制的胡乱开发利用来促进经济增长带来的不同程度的破坏而变得千疮百孔。传统农业生态系统遭到前所未有的挑战,新的促进经济增长手段的使用使得自然生态环境受到严重污染。

总之,我国乡村景观建设起步较晚,相对于城市规划设计来说,乡村景观一直没有强有力的设计支撑,甚至在风景园林规划中处于边缘化的地位,而真正要平衡城乡发展,乡村景观建设在风景园林中有着重要的意义。

首先,我国在进行社会主义新农村的改革建设,对于风景园林的设计来说,乡村景观也是一个新的发展空间,是建设美好国土的开始。在乡村景观的规划与设计中,能够重视传统乡村文化的传承与保护,重视乡村生态环境的建设,提高乡村的视觉感受,提高乡村景观的价值。

其次,乡村景观是具有显著的地域性特点的景观,属于乡土风景,能够显示乡村的气候特点、土地资源、自然风光、人文风情等动态情况,让人们能够更加直接地感受景观的特点,了解当地的风俗文化以及历史内涵。

再次,乡村景观是人类和自然的相互作用下而产生,有着十分和谐的美感,其自然资源更加丰富,给风景园林的规划和设计提供了很好的资源,也能让相关的设计人员不断产生新的思路。

最后,乡村景观的规划和设计的主要目标,就是让人类和自然能够和谐共处,其中包括社会发展、生态环境、经济市场等多方面的因素,是一个需要长时间发展的过程。在此过程当中,其对城乡系统布局的科学调节、乡村资源和景观环境的改善、人们居住环境的绿色发展、农村旅游产品的开发以及塑造品牌产业等方面都有着重要的指导意义。

我国人口有一大部分在农村,因此社会主义新农村建设是一项关系到国计民生的伟大工程。规划师、建筑师、景观设计师还有许许多多其它行业的专家学者应该适应时代的发展,将我们的目光从城市转到农村,用我们的知识为广大的农民服务。真正做到"以人为本"。从整个人居环境的角度出发,从如何促进农村经济发展、继承发扬传统文化的同时提高农民的生活水平和生态环境质量的角度来思考问题,从而为我国社会主义新农村建设做出贡献。

建设社会主义新农村是党中央从全面落实科学发展观,构建社会主义和谐社会的战略高度,着眼加快推进现代化,实现全面建设小康社会的奋斗目标而提出的一项历史任务。长期以来,由于受历史和社会等方面原因的影响,我国大多数农村依然存在住宅建设秩序混乱、规划设计标准低、环境卫生条件差等问题,这些问题的存在给农村社会的全面发展 带来了较大的困难,并因此而衍生了一系列的社会问题。其首要目的是改善农民的生活环境,为农村的建设提供技术指导。通过对新农村景观规划设计的研究,推动农村经济建设、改善农村景观环境与生态环境保护。

从新农村景观规划设计的角度来协调农村经济建设、社会发展和生态环境保护与农村可持续发展,揭示农村景观规划和农村发展的内在联系和重要意义。

结　语

　　我国是一个农业大国,农村及农业在我国有着重要的地位,做好农村的发展规划及景观建设是关系着新时代下中国和谐稳定发展的重要环节之一。但随着大量的农村务工人员涌向城市,有文化的青壮年劳动力流向城市工作,农村"空心化"等一些问题日趋严重,大量的留守老人、留守儿童成为阻碍农村发展的主要问题,农村生活环境差,几乎无景观可言的状况日益突出,造成农村整体发展进程缓慢。如何在新形势下实现城乡统筹发展,打造美丽乡村,真正实现中国梦成为值得研究的课题。

　　笔者认为:合理规划、因地制宜,通过富有文化内涵和乡土特色的景观设计,去改善农民的生活环境,吸引城市居民来农村旅游、度假,不仅可以增加农民收入、提高就业率,也可以缓解乡村"空心化"和"城市病",这是有效解决我国农村问题的途径之一。

参考文献

[1] 李新平,郝向春.乡村景观生态绿化技术[M].北京:中国林业出版社,2016.

[2] 廖启鹏,曾征,万美强.村庄布局规划理论与实践[M].北京:中国地质大学出版社.2012.

[3] 陆若辉.现代生态循环农业技术与模式实例[M].杭州:浙江大学出版社,2016.

[4] 骆中钊,戎安,骆伟.新农村规划、整治与管理[M].北京:中国林业出版社,2008.

[5] 花明,陈润羊,华启和.环境保护的挑战与对策[M].北京:中国环境出版社,2014.

[6] 环境保护部自然生态保护司编,邓延陆主编.生态村:新农村建设的绿色目标.村镇建设篇[M].长沙:湖南教育出版社,2011.

[7] 马虎臣,马振州,程艳艳.美丽乡村规划与施工新技术[M][M].北京:机械工业出版社,2015.

[8] 孙君,廖星臣.把农村建设得更像农村(理论篇)(实践篇)[M].北京:中国轻工业出版社,2014.

[9] 葛丹东.中国村庄规划的体系与模式——当今新农村建设的战略与技术[M].南京:东南大学出版社,2010.

[10] 顾小玲.新农村景观设计艺术[M].南京:东南大学出版社,2011.

[11] 贺斌.新农村村庄规划与管理[M].北京:中国社会出版社,2010.

[12] 孙君,王佛全.专家观点:社会主义新农村建设的权威解读[M].北京:人民出版社,2006.

[13] 王筱明.新农村建设中农村居民点用地整理及区域效应[M].济南:山东人民出版社,2015.

[14] 吴季松.生态文明建设[M].北京:北京航空航天大学出版社,2016.

[15] 熊金银.乡村旅游开发研究与实践案例[M].成都:四川大学出版社,2013.

[16] 倪志荣.生态文明在厦门新农村建设中的实践.厦门:厦门大学出版社,2012.

[17] 邵旭.村镇建筑设计[M].北京:中国建材工业出版社,2008.

[18] 徐学东.农村规划与村庄整治[M].北京:中国建筑工业出版社.2010.

[19] 张妍,黄志龙.生态型新农村建设之路:江西临川七里岗乡经济社会发展调研报告[M].北京:中国社会科学出版社,2013.

[20] 严斧.中国山区农村生态工程建设[M].北京:中国农业科学技术出版社,2016.

[21] 叶梁梁.新农村规划设计[M].北京:中国铁道出版社,2012.

[22] 张广钱.小城镇生态建设与环境保护设计指南[M].天津:天津大学出版社,2015.